除了野蛮国家，整个世界都被书统治着。

原来我是孤独症

Growing in to Autism

[澳] 桑德拉·托姆琼斯（Sandra Thom-Jones） 著

张雨珊 译 / 绘

人民东方出版传媒
People's Oriental Publishing & Media
东方出版社
The Oriental Press

献给杰夫、奥斯汀和林肯

前言

　　本书既是一本自传，又不算是一本自传。它并非按照时间顺序，从第 1 页开始历数我从出生到成年的种种，而是涵盖了一系列我觉得很有趣的主题。希望你也如我一样，觉得它们是有趣且实用的。所以，你大可不必从第 1 页开始，按顺序读到最后一页。除非你像我一样，没办法跳着看书，有种必须一页一页从头看到尾的执念。

　　你完全可以把本书想象成一部短篇故事集。其中有些故事令人沮丧，有些令人振奋，有些很有趣，有些则有点奇怪。请尽情跳过那些你不感兴趣的内容，阅读你感兴趣的主题吧。

　　许多阅读孤独症书籍的人都是在寻求对孤独症的了解，因为他们自己或他们所爱的人刚刚被诊断为孤独症，需要知道这到底意味着什么。在撰写本书时，我遇到的其中一个困难就是难以建立清晰的架构——对于某位寻找特定信息的读者来说，到底什么样的结构才最有帮助呢？我做了许多尝试，最后确定了一个对我，以及我那些一直充满耐心的家人兼校对员、啦啦队来说最有意义的结构。

本书的第一部分介绍了一些关于我个人的情况，包括我是如何得到诊断的，以及我为什么要写下关于自己"成长为"孤独症[①]的经历。

虽然比起孤独症的医学模型，我更赞成的是社会模型[②]，但在接下来的两部分，即本书的第二部分和第三部分，我分别介绍了 DSM-5[③] 中描述的关于孤独症的两大诊断标准——"受限的、重复的行为模式"以及"社交互动方面的缺陷"。当然，我这样做并不是为了把孤独症或是我自己放入医学的框架里，而是为了帮助大家理解，那些非常严肃的医学术语在孤独症人士的生活经历中到底意味着什么。

第四部分重点介绍我在不同人生阶段的经历，这可能会帮到一些临

---

① 这个概念来自我的一篇论文，内容涉及对不同年龄组孤独症患病率统计数据的误解。我在文章中提到，孤独症是一种终生状况，儿童无法摆脱这种状况，但可以在支持下获得成长。Sandra Jones, 'We Need to Stop Perpetuating the Myth that Children Grow Out of Autism', *The Conversation*, 11 September 2019.

② 孤独症的医学模型将其视为一组缺陷或损伤，认为我们可以且应该通过医疗和其他治疗方法来"修复"或改变孤独症患者，其重点在于孤独症人群存在某种"缺陷"，而不是关心他们到底需要什么。然而，孤独症的社会模型承认，虽然在身体、感官、智力或心理上的变化可能导致孤独症个体的功能受限或存在某种损伤，但大部分孤独症人士的"缺陷"是由社会对其系统性的阻碍、消极态度和排斥造成的。

③ 即《精神障碍诊断与统计手册》第五版（*Diagnostic and Statistical Manual of Mental Disorders*, 5th edition, 2013）。DSM 由美国精神医学学会编著，旨在规范精神病学诊断。关于孤独症谱系障碍（ASD）的具体诊断标准，请参阅美国疾病预防控制中心网站：https://www.cdc.gov/ncbddd/autism/hcp-dsm.html。

近或正处于这些阶段的人，比如面临约会、为人父母、失去亲人等的人，以及想要给当事人一些支持的人。

第五部分是一些难以放在其他章节的内容，有点像你去看医生时的"门把手问题"[①]。

你或许会注意到，本书中有许多空白页，这并不是印刷错误。我想，很多读者都和我一样，正在与自己的孤独症一同成长。当我开始阅读有关成年孤独症的书籍时，经常发现一些我想记住或回味的部分，尤其是当它们与我的生活产生共鸣或者帮助我理解了自己的感受和经历时。我很想直接在书上做记号，但多年来接受的教育很难克服，我给自己做了大量心理工作才终于开始动笔，然后就停不下来了。我不断想给自己，还有会在我之后看同一本书的丈夫做笔记，但是，书的空白区域经常不够用，我不得不把字写得很小。所以，我特意在本书中预留了供你写笔记、画图和记下与家人讨论的想法的空白页。

在阅读本书时，请记住，书中的内容仅仅是我对这个世界的个人看法。正如美国孤独症研究者斯蒂芬·肖尔（Stephen Shore）所说的那样："如果你遇到了一个孤独症人士，你遇到的仅仅是这一个孤独症

[①] 辛勤工作、日程安排紧凑的医生们经常观察到这样一种现象：通常来说，患者在即将离开诊室、已经握住门把手时才问的问题是最关键的，往往是他们去看医生的真正原因。Kay Thrace, 'Budget Time for the "Hand on the Doorknob" Question', *Above the Law*, 21 August 2018.

人士。"① 我的有些经历会引起其他孤独症人士的共鸣，有些则完全不会。每个人都有不同的优势和短处。即使在我的家庭内部，每个成员的经历和看法也存在差异。当然，众人的各种经历中也有相似的地方，那正是孤独症人群的共同之处。与此同时，我也深深明白，我对神经学典范人士② 的生活一无所知，所以天生就带着对非孤独症世界的偏见。

---

① 'Leading Perspectives on Disability: A Q&A with Dr Stephen Shore', *Lime Network*, n.d.
② 神经学典范（neurotypical）最初是指那些不在孤独症谱系上的人，其后发展为泛指无神经学特异表现的人，换言之，即没有孤独症、阅读障碍、发展性协调障碍、双相情感障碍、注意力缺陷多动障碍或其他类似情况的人。——译注

第二部分 什么是"受限的、重复的行为模式"

第一部分

我与
孤独症

—01—

古怪如我

在人类社会的丛林中，没有认同感就感受不到活着。

——爱利克·埃里克森（Erik Erikson）[1]

像许多孤独症人士一样，我从小就知道自己"与众不同"，也知道"与众不同"并不是一件好事，所以我不断努力把自己变成人们希望我成为的样子。如果你是一个尚未得到诊断的孤独症人士，或者已经确诊，但试图掩饰自己有孤独症，你会在成长过程中发现自己与其他人不太一样，而且这个现象会演变成"我是有问题的"这样一种心理。

我经常听到孤独症人士说起，他们会在与不同的人或群体互动时扮

① EH Erikson, *Identity: Youth and Crisis*, （Norton, New York, 1968）, p. 130.

演不同的角色——当这些角色相互冲突时，他们就会产生焦虑，在网上能找到很多与之相关的梗图。在第3章、第21章和第25章中，我着重介绍了掩饰（隐藏孤独症行为）及其对孤独症人士身心健康的影响。

在童年的大部分时间里，我都是一个"好孩子"，言行举止完全符合父母的期望。我喜欢应该喜欢的东西，说应该说的话，思考应该思考的事情——至少大部分时间如此。这并不是说我没有"不好"的行为和想法，但我学会了不让别人看到自己的"古怪"行为，也不让别人得知自己的"古怪"想法。

小学生活很简单。我很快就摸清了老师要求我做什么和说什么，于是便按照要求行事。我常常是老师的宠儿，也就是那个会帮老师擦黑板，而且总是按时完成所有作业的孩子。一开始，其他孩子刚刚学着看《迪克和朵拉》（Dick and Dora）时，我已经开始读小说了。老师把全班分成几个阅读小组，每个小组以动物命名，有狮子、熊、斑马等，而我的小组叫"独行侠"。当时我觉得这个名字很酷！早在那时，我就已经意识到自己与其他孩子不同了，但在我自负而又青涩的头脑中，我将奇怪之处归咎于其他人。

时不时地，我会做出或者说出一些"不正常"的事情。我逐渐意识到，必须把自己的怪癖隐藏起来。例如，我用自己特有的直率评论同龄人缺乏阅读能力："我想我上错班了，因为班里的其他孩子都很笨。"众人的反应令我震惊。老师说我粗鲁，同桌冲我做鬼脸，还骂了我。粗鲁？粗鲁是什么意思？我还以为自己只是陈述了一个被分班的老师所忽略的事实而已啊。

后来，我融入了大家，也知道了什么该说、什么不该说，什么该做、什么不该做，至少在当着别人面的时候。从此以后，我一直非常喜欢上学。上学有很多好处：学校里有一套大家必须遵守的规则，还有安排好的时间表；学校里也很安静，这样我就不必苦于应付各种噪声和扰动。

更棒的是，在学校里还可以学到知识！阅读，聆听，学习。我总是迅速而准确地完成任务。有时候我完成得太快了，于是不得不忍着无聊等其他同学赶上来。不过也正因为这样，老师开始要求我帮助其他孩子。这多酷啊！我变成了把知识传递给其他人的老师。

比这更让我满意的是，学校里还有那么多的书！教室里，图书馆里，书包里和书桌上，到处都是让人安心的书。其他孩子选择在休息和午餐时间玩游戏，这是多大的浪费啊！他们明明可以用这些时间去图书馆看书的。我无法理解。

当然，小学生活中也有一些困难。老师似乎有一种非常奇怪的执念，一定要让每个人都有发言的机会。每当老师问一个问题，我就将自己的手高高举起来，在空中挥来挥去，等着老师叫我的名字回答问题。然而，老师总是会说："除了桑德拉，还有其他人想回答吗？"在我看来，老师的行为是不合逻辑的。你问了个问题，而我知道答案，为什么还要把时间浪费在那些不知道答案的孩子身上呢？

除此之外，还有运动——现在称为体育教育。没有任何一项运动是我擅长的①。班上的每个孩子都知道这一点，所以从来没有哪个小队想让我加入。于是，我在运动方面仍然是个独行侠，只不过这次是因为我太差了。

但总的来说，我喜欢小学。

然后一下子到了中学。太可怕了！突然之间，所有的规则都改变了。当然，老师仍然像以前一样，要求你讲礼貌、遵守规则、完成所有作业。然而，在小学里，其他孩子仅仅是不理我，我对此毫不在意；但中学生有自己的一套行事规则，并且其中的很大一部分同老师家长的要求是相反的。比如，老师希望你又快又好地完成作业，但是如果老师表扬了你，其他同学就会讨厌你。再比如，老师希望你完全按照学校手册中的规定穿校服；但如果你真的按照要求这样做了，其他同学就会嘲笑和戏弄你。

就这样，我的出勤记录逐渐从毫无瑕疵变得七零八落。学校成了一

---

① 我现在意识到，这其实是患有孤独症的一种表现，而不是我的某种缺陷。如果你有孤独症，或者你是孤独症青少年的家长，正因此经历运动方面的痛苦，第 6 章的内容或许会很适合你。

个给我带来焦虑和困惑的地方。此外，我还经常遭受胃痛的折磨。尽管我很想取悦家长和老师，成为一个"好孩子"，但这会带来可怕的后果。如果你不听老师的话，他们最多不过是责备你，对你皱眉头；但如果你得罪的是一群青春期少女，她们可以在街上跟着你不放，威胁你，朝你吐口水，还会成群结队地围堵你，把你当作出气筒。

在努力成为一个"正常"青少年的过程中，我创造了一个虚构的自我形象。我只是尝试了一下——一边在想象中成为叛逆少女，一边在现实生活中做个"好孩子"。我有一本对我来说很特别的日记①。在这本日记里，我写下了幻想中的青春冒险故事：我与狂野的朋友们的疯狂恶作剧，缠绵调情和浪漫纠葛，违法、搞破坏、入店行窃、烂醉如泥、夜夜笙歌。日记里的我很疯狂，很受欢迎，享受着每一秒的人生。结果有一天，妈妈发现了这本日记，里面的内容让她火冒三丈。她把日记本烧了。我从她到学校接我时的愤怒面孔上读到了这个意外。她对自己的"乖女儿"暗地里表现得像个失控的叛逆少女感到愤怒，而我也对她私自阅读并销毁我的日记感到愤怒。

我从来没有想过告诉她，日记里写的不是真的。我也不知道为什么。也许我认为她不会相信我，又或许是我太尴尬了，不敢承认自己居

---

① 这本日记是英语老师送给我的礼物。她是个了不起的人，不仅花时间与我分享她对书籍和写作的热爱，还看到了我隐藏在好成绩背后的迷茫。虽然那只是一个平装的日记本，但她在里面写下了鼓励我做自己和保持快乐的励志名言。谢谢你，哈德威克老师——希望你能以某种方式知道我后来过得不错。

然创造了一个很酷、很受欢迎的幻想自我。父母对我十分生气，"乖乖女"的形象彻底破碎了。那么，我到底是谁呢？

我必须成为某个人，适应某个地方，于是我学会了如何成为一个"合格"的青少年。只要掌握了规则，这件事其实相当简单。我学会了在课堂上被老师点名时给出错误的答案，学会了说脏话，学会了忘记交作业，学会了逃课，学会了吸烟。我学会了将衣服偷偷放进书包里，等到了学校之后再把校服换掉。只要一直坚持做这些事情，你就能说服自己，这就是你——一个普通的青少年，就像其他人一样。

但是，与此同时，我仍然想要满足老师的期望。我喜欢学习，尽管这一点也不酷。我还经常觉得自己和老师的共同点比和同龄人的共同点更多。为了兼顾多重身份，努力让每个人都开心，成为每个团队都喜欢的"我"，我精疲力尽。终于有一天，我承受不住了。在高二那年，曾经是全优生的我因为考试不及格而辍学了。

在接下来的几年，我做了一些底层的工作，最终还是决定考取高中毕业证书，进入大学就读。我喜欢大学——准确来说，我在大学里突飞猛进。我认为，使我免于重蹈高中失败覆辙的是，我从未将大学生活视为一种"社交"经历。我比其他学生大了好几岁，此外还和他们有诸多不同，所以，我早就预料到自己难以融入大家，于是也就没有做出任何尝试。我把大学的学习视为一项必须完成的严肃任务：我来这儿是为了学习的，不是为了交朋友或玩乐——其实，吸收知识对我来说就是最大的享乐了。

当然，上大学要花钱，所以我不得不去工作。当时我在一家酒吧当侍应生。这并不是一份光鲜亮丽的工作，不过薪水很高，而且不会影响我上课。所以，我就像一个超级英雄一样，过着双重生活，只不过是相反的：白天，我是一个超级严肃的大学生，不和除了老师之外的任何人说话，也拒绝参加所有无聊的社交活动；而到了晚上，我变成了一个活泼的酒吧女招待，在制服外面套上滑稽的装扮，头发上还戴着金光闪闪的装饰。

在当时，我并没有想过同事会和我不同，不需要像我那样，在上班穿上工作服的同时也戴上了另一个人格面具，直到回家之后才摘掉。我也没有考虑过其他大学生是不是有可能并不像我一样，在离开校园后就开启另一种完全不同的生活——当然，这也是因为其他人的生活根本不在我的思考范围内。几年后，我才第一次意识到自己和其他人的不同。那时我早已大学毕业了，在公共服务部门逐步晋升到了相当高级的职位。一次，我和当时的同事一起去了一家酒吧，来我们这桌收杯子的服务员突然热情地拥抱了我，说他很高兴与我重逢，还主动说要帮我问问他现在的酒吧老板是否在招女侍应生 ①。

---

① 我当时没有认出他（详见第 18 章关于面部识别困难的内容），而他轻松地认出了曾经与他一起在酒吧工作过的我。

我继续过着自己的生活，有意识地努力成为自己所能成为的最好的女儿、朋友、学生、员工，但我一直觉得自己还没有完全成功，需要更加努力。在我40多岁的时候，已经拥有了完美的生活和我想要的一切：丈夫很贴心，孩子很可爱；我有好几个学士学位，工作令人满意，同事和朋友也都很友善；我还有一栋地段很好的漂亮房子。那么，我为什么这么不开心呢？

　　这不仅仅是中年危机这么简单。我意识到，我很害怕自己在变老之前什么都没有做，却又不知道具体需要做什么。过了很长时间，我才意识到生命中缺少了什么：那就是我自己！多年来，我一直在做那个我认为自己注定要成为的人，做那些我需要做的事情来满足每个人的期望，并极力做好别人赋予我的每一个角色，避免一切可能令他人失望的瞬间。我一直这样活着，再也触碰不到真实的自己了，那个古怪、特殊、有缺陷的自己，那个我一直在煞费苦心地向其他人隐藏的自己。我意识到，我其实并不知道自己喜欢做什么，感兴趣的是什么，喜欢穿什么，或者什么让我快乐。

笔记

—02—

原来这就是孤独症

我对孤独症的认识是进展缓慢且零碎的。回过头来看，最早的线索出现在青春期，其他大部分线索则散落在我成年后的人生中。可是，我从来都没有把这些碎片拼凑起来。

我在初中时读了维吉尼亚·爱思莲（Virginia Axline）的《寻找自我的迪布斯》（*Dibs in Search of Self*）。这本书讲述了一个情绪失调的小男孩通过一系列游戏治疗学会表达自己的故事。给没有读过这本书的人一点小剧透：迪布斯从未被贴上孤独症的标签，他可能也并不符合孤独症的诊断标准。然而，如果你去看看这本现在已经有点过时了的书的相关评论，就会发现有许多人都将迪布斯的各种行为与孤独症联系起来。我很喜欢这本书——当时的我只有 12 岁，对心理学或诊断标准一无所知，但迪布斯让我产生了深深的自我认同，我从未如此强烈地感到在一个虚构人物身上看见了自己。

当我攻读文学学士学位时，选修了一些心理学的课程，其中一门课的主题就是孤独症。我乐于学习这一"心理障碍"，但有时很难理解某些用于诊断的特征，因为在我看来它们都是再正常不过的想法、感受和行为。当时我正在认真考虑继续主修心理学，成为一名心理学家，但大学的职业顾问告诉我，心理学家不好找工作，而且我可能缺乏干那一行所需要的"人际交往能力"。于是，我修完了英语文学学位，又继续完成了其他好几个学位，也在一系列工作和职业中取得了进步。我没有再考虑过孤独症的事。

后来，我当了妈妈。我的大儿子在日托和学前班遇到了一些困难，老师根据他的精力水平和非典型行为判断他或许患有注意力缺陷多动障碍（ADHD）。一位医学专家提出，或许他是孤独症，但我一点儿也不相信。因为大儿子完全不像我在书里读到的那些孤独症儿童，他聪明、善于表达、风趣、充满爱心。我认为他原本的样子很完美，但是，他逐渐在学校生活中学会了像其他人一样行事——其实我早就应该识别出这种成长模式的。

我的小儿子面临的挑战更大。他在 2 岁时就被诊断为孤独症。在接下来的几年里，我阅读了自己能找到的所有关于孤独症的资料，其中大部分是关于男孩的——考虑到当时人们对孤独症的普遍看法，这不足为奇。这些事例里的男孩经历了许多与我儿子相同的困难，也表现出许多与我儿子一致的特征。对我来说，如果我的儿子能够快快乐乐地生活，有能力表达自己的需求，不会伤害到自己和他的哥哥，他就算是"成功"

了。我不想在这里讲太多，因为那是他自己的故事，如果要讲的话，应该由他自己来。但是，我想让大家知道的是，他如今已经成长为一个心胸开阔、在创意写作领域才华横溢的年轻人，每天都让我们感到骄傲。

在儿子们上学期间，我经常好奇大儿子是否真的也在孤独症谱系上。每当这个想法出现，我就会意识到大儿子有多么像我，觉得他只是因为害羞和聪明才遇到了生活里的诸多困难。上高中时，他开始在社交和人际关系方面遇到困难，于是向我们求助。他就这样被诊断出患有阿斯伯格综合征（基于 DSM-4 的诊断）。在接下来的几年里，他和我对阿斯伯格综合征都有了更多的了解。在阅读相关内容时，每当看到与他相符的事例，我们便会心领神会地互相点点头，一起笑出声来。虽然大部分内容仍然是关于男性的，但令我惊讶的是，其中有许多部分也引起了我的共鸣。有很多次我发现自己在想："哇，我还以为儿子那样做是因为他像我，而不是因为他有孤独症。"和小儿子一样，我不会讲太多关于大儿子的故事，因为这不是我要说的——我只想说，他同样成了一个出色的年轻人，学术成就已经超过了我。作为一名大学研究员，他的工作非常成功，也会抽出时间来支持和指导他人。他是一位真正的绅士。

随着孩子们的成长，我对孤独症的了解越来越多。但很长时间之后，我才真正意识到女性也可能患有孤独症。此前，我读过的书、学习过的课程以及自己有关孤独症的个人经历都是关于男性的。甚至过了更长的时间之后，我才开始接受，或许我同儿子的思想、行为以及遇到的困难之间的诸多相似，是源于共同的神经类型，而不仅仅是源于共同的基因。

在这个可能性出现在我的脑海中大约一年之后，我终于决定把它说出来。我先是对大儿子做了试探，装作漫不经心地问他："你觉得我有可能是孤独症吗？"我本以为他会大笑，或者对这个疯狂的想法表示惊讶，然而他却回答："是啊，你肯定是，不然我们兄弟俩是怎么得上孤独症的呢？"在接下来的几周里，他和我就这种可能性进行了几次对话。我们讨论了我们共有的思维模式、感官反应、举止和对一些社会规则的困惑。

接下来，我去问丈夫。带着些许恐惧，我对他提出了同样的问题："你认为我有可能患有孤独症吗？"丈夫的回答出乎我的意料。他说："从第一次遇见你的时候，我就知道了。"

于是，就在这段时间里，我给自己下了诊断。我并没有去寻求正式的诊断，因为我不认为那能带来什么好处：我已经年纪很大了，想要提供干预或者支持都来不及了。我还担心，诊断会影响我的职业生涯，因为我已经目睹了孩子们遇到的诸多针对孤独症的偏见和刻板印象。最后，是大儿子建议我寻求专业诊断的，他提出的论据非常具有说服力。他说，我有责任利用自己的专业角色和职业能力去创造一个更具包容性的社会，为其他孤独症人士服务。

我的两个儿子都在同一家心理学诊所治疗。这家诊所叫 ASD 诊所，我们在2014年搬到墨尔本时，得知这家诊所在孤独症领域算是专家级的。在家人的鼓励下，我决定与小儿子的心理治疗师谈谈——他是一位心理学家，也是这家诊所的负责人，我们曾因我的小儿子而多有交集。我有点紧张，想着自己在他面前一直把怪异之处掩饰得很好，所以他可能会拒绝为我诊断，甚至觉得我的提议很荒谬。于是，在一次会面的结尾，在丈夫的精神支持下，我问了一个"门把手问题"："你们只对儿童进行诊断评估吗？还是也对成人做诊断？"他回答说，诊所可以对所有年龄段的人进行评估，并问我是想给谁做诊断。我说："嗯……好吧……我只是想知道……我是不是可能患有孤独症。"话说完后，我便屏住呼吸，等着他嘲笑我。然而令我惊讶的是，他的回答是："你的意思是你还没有确诊吗？我一直以为你早就有过诊断了……我还在你儿子的治疗记录中写了'母亲是孤独症患者'。"

就这样，我们预约了诊断评估的时间。在诊断前的几周里，我紧张到几乎崩溃。我担心的并不是自己会被诊断为孤独症，因为我早已对此感到认同，并且十分满意。我担心的恰恰是自己不会被诊断为孤独症。如果说，我与其他人的诸多差异，还有我在生活里遇到的诸多困难，其实都与孤独症无关，我只不过是一个有缺陷的普通人，那该怎么办呢？

等到了那一天，诊断的面谈部分让我大开眼界，真的很庆幸丈夫当时和我在一起。我在此强烈建议每一个将要经历这个过程的人：请在进行诊断时带上一个非常了解你的人。如果你和我一样，那么你一定会在面谈时陷入旧有的模式，倾向于给出一些"正确"的、符合社会期望的回答。而且，作为孤独症人士，如果你一直以自己的模式思考，那么在其他非孤独症人士的语境下理解某些问题是很困难的。在面谈中，有好几次我都说："不，我在某某方面没有任何问题。"丈夫则立刻帮我补充道："除了在某些时候……"或者："如果是这种情况呢？"①

接下来，到了折磨人的第二部分：一系列的测试！我是一个非常害怕失败且强烈需要控制感的人。在上学时，我坚持认为任何低于100分的考试成绩都等同于失败。在评估的第二部分，有些测试超级简单，有些有点难，还有一些几乎是不可能完成的。在等待心理学家整理数据、得出结论的时候，我和丈夫去喝了杯茶，其间伴随着我的惊恐发作。在那个时刻，我确信心理学家得出的结论是："不，你不是孤独症患者。你只是一个没有社交能力，还有一堆奇怪的想法和行为的普通人。你只需要更加努力地生活。"

还好，他没有那样说。简而言之，诊断报告里的结论是：

> 桑德拉具有社交互动及人际沟通困难、感官加工困难、兴趣范围受限的个人史，这些都是孤独症谱系障碍的特征（DSM 5，水平1）……

---

① 这个过程和大儿子在做诊断时是一模一样的，有种旧日重现的感觉。只不过当时我才是那个在旁边说"如果是这种情况呢"的人。

那是改变我人生的一天。我迎来了官方的确认：我遇到的所有困难和问题都不是因为我不够努力或不够好。我只是与众不同。我并没有缺陷。

除此之外，心理学家还建议我阅读一些书籍，了解更多关于女性孤独症的信息。我阅读了所有相关的内容，以及其他更多资料。随着获取的知识越来越多，我在自己身上发现了越来越多的曾令自己感到羞耻并试图隐瞒的特质，它们其实都是孤独症的正常表现，而不是我独有的性格缺陷。

我知道很多人无法确定是否应当寻求诊断。经常有父母对我说，他们不愿意带孩子去做诊断，或者把诊断结果告诉孩子。他们不愿意给孩子"贴标签"，更担心被认定为孤独症会损害孩子的自尊。作为一个在非常晚期才被诊断为孤独症的女性，我要重新诠释这两个问题。

第一，未被确诊的孤独症儿童并不会因此受到保护，其他人总是会因为他们的与众不同而给他们贴上更糟糕的标签。我知道，在成长过程中，相比那些同龄人经常用来形容我的词语——怪人、变态，还有其他那些我根本难以启齿的词，"孤独症"这个称呼会让我感觉更舒服。

第二，根据我的经验，相比一个失败的正常人，一个成功的孤独症人士更容易获得更高的自尊。

笔记

—03—

公开还是隐藏

虽然得到官方诊断让我如释重负，我也因此理解了自己的一些问题，但这个诊断同时也让我进退两难：我该向谁、在什么时候、以怎样的方式说出自己的诊断结果呢？

告诉丈夫很容易，因为他就在现场。告诉大儿子也很容易，因为是他鼓励我进行正式诊断的，而且他早就想到了结果会是什么。而在告知小儿子时，事情就变得有趣起来了，他一开始很抗拒我患有孤独症这件事。我猜想，或许是因为我们曾一次次地告诉他，是孤独症让他变得很特别，所以他不希望像他这样特别的人变多。然而，小儿子很快就适应了，乐于接受他的妈妈、哥哥和他自己的一些古怪之处是基于同一个原因。

下一步是告诉我的好朋友。由于我并没有多少朋友，所以这一阶段的工作量并不大。我很希望有机会能和我已故的导师唐分享这个消息。他既是我的老师，也是我的朋友。不过，我猜他早已在我被正式诊断之前很多年就知道这件事了。随着我对女性孤独症群体的了解越来越多，我越发意识到，当年唐真的对我帮助极大，是他教会了我如何在一个普通人的世界中工作和生活。

在告知最亲密的朋友时，我采用了一种很微妙的方式。我是旁敲侧击地让他自己推理出来的。那天，他和他的妻子邀请我共进晚餐（详见第 22 章关于那个晚上的内容）。当时，我们正在讨论我的丈夫是如何坚持满足我和孩子们的各种饮食需求，如何照顾我们的敏感等。我说，作为家里唯一的普通人，我丈夫一定很不容易。在我看来，这意味着我已经明确告诉朋友我是孤独症人士了。几天后，他给我打了个电话，我们在电话里都小心翼翼地回避这个话题。他觉得我的话里有这个意思，但又不想直截了当地问我。最后，我明确地告诉他："是的，我有孤独症。"朋友对此的反应让我觉得之前的担心都是杞人忧天。因为在朋友看来，无论有没有孤独症这个标签，我就是我，没有什么能撼动我们牢不可破的友谊。

名单上的下一个是我的老板。老板是一个很可爱的人，我们相处得很好，所以，把我的诊断告诉他应该会很容易。然而，当那一刻真正来临时，我却十分紧张。我们刚开完会，正走在回办公室的路上，谈话间突然聊到了孤独症的话题。我开口说："我不知道你是否意识到了，其实我也……"说到这儿我便停住了。老板笑着说："你可以把话说完。"我便这样告诉了他。老板说，他早就知道我有孤独症了，不过这没有关系，我是他团队中非常重要的一员。

就这样，我开始慢慢地把这个消息告诉身边的朋友和同事，一次一个。不过，我还是很害怕面对他们的反应。我担心自己会像大儿子一样，得到一些让人不舒服的回应。当时，大儿子试探性地向身边的人透露自己的诊断结果，人们却说："你不可能是孤独症，因为你有朋友，在学校表现很好，说话也很自信……"我花费了那么多时间和精力，才终于建立起对于"我是谁"的认知，如果人们拒绝接受这样的我，那该怎么办呢？其实，我根本没必要担心。或许是因为我掩饰得并没有想象中那么好，又或许是朋友们早已将我看透。我得到的回答都是"是的，我知道"，或者"你当然是了"，要么就是"嗯，这样就说得通了"。我没有收到任何惊讶或否认的回应——朋友们都接受了，其中一些人还向我询问有关孤独症的知识，以便更好地理解和支持我。

尽管如此，我的脑海中仍然有个警告。我早就知道这个警告，家人及朋友也曾经一次次告诉我："有些人会利用这个诊断来针对你。他们会利用你的'残疾'来歧视你或打压你。"作为父母，这种情况对我来说真的太常见了。小儿子生活中的无数事件深深印刻在我的记忆里：在他上中学时，戏剧老师不让他参加试镜，无数次建议我们让他在学校有活动时留在家里，还断言学校无法为他找到"合适"的实习机会……

所以，就是这样的经验让我只敢把诊断结果告诉那些和我亲近的人。我没有足够的勇气告诉所有人。这也是孤独症人士面临的最大障碍：限制我们的并非自身能力，而是他人的偏见和刻板印象。

有一天，我在飞机上遇到了一位同事。她向我抱怨她和另一个同事的关系存在问题，而那个同事是出了名的难相处。她说，那个同事总是坚持己见，不能从别人的观点看问题。最后，她这样说道："好吧，你也知道某某那个样子——有点孤独症。"那一刻，我哑口无言。其实我很想告诉她，作为孤独症人士而不是作为同事，我对她这句话有多讨厌，但我找不到合适的词来表达。

于是，我在到达目的地并入住酒店之后，立刻打开了笔记本电脑。我写下了当人们发表这种评论时自己的感受。我把文章寄给丈夫和儿子，询问他们的看法。大儿子帮我进行了一些修改——我们经常修改彼此的文章。家人们都非常支持我，认为我应该发表这篇文章。

就这样，我把文章发给了一位和我在《对话》（*The Conver-sation*）杂志社共事过的编辑。尽管我觉得这篇文章可能与《对话》的风格不符，但借助这个平台，也许可以让我的目标受众有机会看到这篇文章。杂志社的编辑是一个很可爱的人，她花时间认真回复了我，并鼓励我发表文章：

> 谢谢你的分享！这是一篇非常有影响力的文章，我认为它
> 会引起广大读者的共鸣。因为我们都听过对那些处于孤独症谱

系的人的诸多评价。不过，这篇文章恐怕不太适合《对话》——尽管你对这个主题十分熟悉，但这篇文章并不是针对该领域的实证研究，更像是会出现在日报专栏里的社论。所以，你或许可以投稿给《时代报》（*The Age*）或《先驱太阳报》（*Herald Sun*），这两家媒体更倾向于发表关于某些主题的个人看法。

在此之前，我从没有想过要把文章投给这类拥有巨大读者群的平台，但也许我的确该这么做。于是，我把文章发给了大学的传媒经理，询问她的意见，看看是应该以大学的名义还是我个人的名义发表。她主动帮我将文章投给了《悉尼先驱晨报》（*Sydney Morning Herald*），结果令我高兴并惊讶的是，对方居然接受了。我急不可耐地等待着它的问世——我很高兴有机会同如此广泛的读者讨论这个主题。但是，那些认识我的人又会对文章作何反应呢？他们会感到惊讶、沮丧还是难以置信呢？

最终，这篇文章于 2019 年 7 月发表，并被许多纸媒及在线媒体转载分享。我收到了大量的回复，那些信件、电子邮件和社交媒体的评论让我不知所措。大量的陌生人联系我，告诉我这篇文章对他们有多重要。孤独症人士，他们的父母、家人和老师也纷纷告诉我，文章怎样引起了他们的共鸣。他们都曾经历过这些不经意间的侮辱，感觉受到了伤害。不过，我也得到了一些奇怪的回应。比如一位先生联系我，说他认为我不可能有孤独症，因为他曾经和孤独症人士一起工作过，很清楚他们是什么德行。我为那些不得不与他共事的人感到悲哀。

我还收到了很多来自朋友和同事的电子邮件和短消息，其中有许多人是我已经多年没有联系的了。他们称赞了我的文字、我的诚实、我的"勇敢"，但都没有表现出丝毫的惊讶和怀疑。也许，我并没有把自己的怪异之处隐藏得那么完美。

请注意：我的意思并不是说，随意将自己的诊断公之于众是一件毫无风险的事。毕竟，我们仍然生活在一个对"残疾"和"差异"抱有敌意和偏见的世界里。在公开自己的诊断结果时，我已经当了20年经理了。后来有一次，我与一名员工产生矛盾，人力资源经理居然认定问题的根本原因在于我缺乏沟通技巧，要求我接受相关培训，这令我十分惊讶。因为我有孤独症，所以我就变成了车轮上那根坏掉的辐条，当我和其他职工有冲突时，人们自然而然便觉得我是需要修正的那一方①。

总的来说，我并不后悔把自己的诊断公开。由于害怕其他人的偏见，我曾经不断掩盖自己的孤独症表现。掩饰的技巧日益精湛，却给我的个人生活带来了巨大的代价。因为掩饰会让人精疲力尽，对身心健康造成相当大的负面影响。几十年来，为了让这个社会接受我，我一直强迫自己成为另一个人，患上了多重生理和心理疾病。这是掩饰自己带来

---

① 我不想花费笔墨讲述这个故事的后续，因为本书并非为了讨论孤独症人士如何在非孤独症环境里工作，这是另一个主题了。

的最直接结果。

工作上的成就足以证明我的能力。而现在，我希望人们明白，事实并非"我因为克服了孤独症而成功"。尽管孤独症给我带来了一些困难，但它也同样赐予了我力量和一些助我成功的品质。

所以，我必须公开。这是为了我自己，因为只有这样我才能停止掩饰，恢复情绪平衡和身体健康。这也是为了我的孩子和其他孤独症人士，因为正如大儿子所说的，如果连我这样已经取得职业成就的人都不能公开自己的孤独症，告知人们它给我带来的优势，挑战偏见，倡导并改善社会环境，那么，那些刚刚开始职业生涯的孤独症人士又要怎么做呢？

★★★

人们经常问我，是否应该向他人公开自己的孤独症，尤其是在工作场合。我当然希望每个人生活的环境都可以允许孤独症人士公开。但我必须承认，公之于众需要克服巨大的障碍，也要冒一些风险。然而，我的生活经历告诉我，即便是不公开诊断，我们面临的风险依然很大，因为一辈子假装成另一个人会对身心健康造成巨大的损害。

所以，如果你决定公开，无论是与最好的朋友进行一对一的谈话，还是在公共场合提到这件事，都可以提前做一些准备，帮助自己和他人更轻松地完成这个过程。

准备好进行科普

当我把孤独症的诊断告知朋友和同事时，他们中有许多人承认自己实际上对孤独症所知甚少，并表示有兴趣了解更多。众所周知，外界的信息良莠不齐，有非常准确和有用的，也有完全错误和有害的。所以，当人们问你这个问题时，他们通常是想知道孤独症是一种怎样的体验，以及它对你意味着什么。出于这个原因，如果你只是放任他们去随便搜索一些相关资料，可能不会对加强他人对你的理解有什么帮助。

在公开之前，你可以先列出一份清单，在清单上写明那些与你的体验相符的资料。这样在人们提出问题时，你就有准备了。因为人们的时间多少和热情高低各不相同，所以清单中最好囊括一系列的资源——从简明的图表、一分钟短视频到详尽的博客、期刊论文和书籍。这样，对方就可以根据自己的需要了解有关孤独症的知识，而你能确保他们看到的内容是准确且有用的。

这么做可能是因为我一向沉迷于清晰的架构和完善的细节。我做了一个简单的单页文档，将各种资料分类，并附上了标题，其中包含我认为重要的主题列表以及相关资源的链接。这些资料以各种方式描述了我个人对孤独症的体验。

如果你准备对他人进行科普，也必须准备好进行二次科普。一些人或许会说："我对孤独症很了解，因为我在公共汽车上读过一本书，看过一部电影，或是和某人交谈过一次。"请警惕这样看似友善的发言。其实这些人更需要你的资源清单，即便他们也许不太愿意接受。

准备好提出需求

也许在你公开自己的诊断结果时，对方提出的最好的问题便是："我能为你做什么？""我能做些什么来支持你？"无论这个问题来自家人、朋友、同事、领导还是熟人，这都是你向他们提出要求的一个绝佳机会，因为这可以让你的生活更轻松一些。我强烈建议你在公开诊断之前认真思考自己在社交或日常环境中遇到的困难以及解决方法。比如，老板可以怎样改善你的工作环境，减轻工作压力？朋友可以做些什么来减轻你在社交活动方面的压力？

我并不是要你像耍大牌的明星一样提出一系列需求。然而，当人们问他们能为你做些什么时，何不提出一些实用的建议呢？如果他们愿意并且能够做到，对你也大有好处嘛！

准备好被拒绝

不幸的是，总有些人还没有准备好接受你。他们可能很难相信你患有孤独症，只是因为你不符合他们对孤独症患者的印象，或者因为他们对孤独症存在误解。一些典型的回答包括："你确定吗？""你要不要换个医生再看看？""我觉得你说得不对，因为我认识你很久了，不觉得你有孤独症。"

在大多数情况下，人们说这些话是带着好意的，他们认为自己是在表达支持。如果你像许多成年孤独症人士一样，在一生中的大部分时间一直在掩饰自己，宁可牺牲身心健康，也总是试图表现得和其他人一样，那么你在公开诊断时可能就会遇到很大的困难。即便有些人对孤独症的理解是准确的，他们也会觉得他们眼中的"你"与他们对孤独症患者的理解不一致。

准备好被接纳

当我刚刚开始把孤独症的事告知朋友和同事时，提前准备好了应对各种各样的反应。我以为自己一直掩饰得很好，所以这个诊断会让那些认识我很久的人感到震惊。然而，我收到的大多数反应都是"我早就知道了"或者"我一直觉得你可能有孤独症，但因为你没有主动提起过，所以我也没说"。唉，我还以为自己已经成功地伪装成一个普通人了呢，我以为大家根本不会想到我有孤独症！

持续进行科普和提出需求

虽然把自己的诊断结果公开这件事是"一次性"的，但科普和请求是持续性的。如果你学到了一些有关孤独症的新知识，请随时与他人分享。如果你觉得人们需要让大环境变得对孤独症更加友好，请告诉他们该怎么做。每一个小小的改变都会让你的生活变得更轻松，也会逐渐为所有孤独症人士建立起一个更具支持性和包容性的社会。

笔记

—04—
普通人能理解孤独症吗

如果你问我有什么话是千万不要对孤独症人士说的，我的回答是："我明白你的感受。"这句话的第一个问题在于，你很可能完全不明白他们的感受。第二个问题在于，如果你这样说了，他们真的会相信你。

我和大多数孤独症人士经常被问到一个问题：孤独症是怎样一种体验？

这个问题从表面上看很合理，而且提问者通常抱着理解和支持孤独症人士的愿望。可是，如果我们真想解释清楚孤独症是什么感觉，而不是对着诊断标准鹦鹉学舌，就必须首先理解没有孤独症是什么感觉。因为，如果要我解释我与你的不同之处，我需要先了解你是什么样的。

孤独症是一种终生疾病。家长往往不会注意到自己的孩子与其他孩子存在差异，可能要等孩子到了学步期，他们才会带着孩子去寻求诊断。但是，在 2 岁时得到诊断并不意味着孩子在 2 岁时突然"成为"孤独症，这只不过是因为他们的症状在那个年龄变得明显了[①]。所以，当你问我孤独症是什么感觉时，你其实是在问我，做自己是什么感觉。我怎么知道我的哪些部分与孤独症有关，哪些部分无关呢？更重要的是，我怎么知道我的哪些想法、感受、体验是作为一个普通人的你没有的呢？

终生疾病的另一个真正的关键因素是，它不会神奇地突然出现，也不会神奇地突然消失。我们不会"摆脱"孤独症，医生也不能"治愈"孤独症。你似乎总是能见到许多孤独症儿童，却看不到几个孤独症成人。这是因为，成年人通常会做以下两件事：首先，我们会变得越来越孤立，被一个不接受我们的社会排除在群体之外——这就是为什么孤独症人士的就业率低于其他残疾人或非残疾人[②]。你看不到我们，是因为我们只待在相对安全的地方。其次，我们逐渐学会了隐藏自己的所有"不同"之处。我们试着像一个非孤独症人士一样行事——这种行为被称为"掩饰"，这样做能让其他人感觉更舒服，但会对孤独症人士本人造成巨大的伤害。

---

① 本书不讨论孤独症的"成因"，但我们要明确的一点是，注射疫苗不会导致孤独症。
② 澳大利亚统计局 2015 年的数据显示，被诊断患有孤独症的人的失业率为 31.6%，比残障人士失业率（10%）多了两倍多，几乎是非残障人士失业率（5.3%）的六倍。

我希望在不久的将来，我们能够迎来这样一个时刻，不必再选择上述两种生活方式。社会不会再等着我们摆脱孤独症，而是支持我们成长为独特的孤独症自我。

★★★

一天，一位同事向我询问孤独症相关的知识，像大多数人会做的那样，我开始在网上搜索，寻找简短的阅读材料或视频，以便向他人呈现我在生活中遇到的困难。我看到了一个视频，一个孤独症人士对自己所经历的感觉超敏体验进行模拟，并将之呈现出来。我把视频看了一遍又一遍。我觉得很困惑——这个视频很正常啊，我每天对世界的体验都是这样的。于是，我把视频拿给丈夫看。我惊奇地得知，丈夫体验到的世界并不是这样的，或者说，对于大多数非孤独症人士而言，世界并不是这样的。于是我又尝试了另一个视频，是模拟孤独症人士的听觉体验的。两个视频的主题不同，却带来了相同的结果：对我来说，这个视频非常准确地呈现了我的听觉体验，但对丈夫以及后来看过这个视频的大多数朋友和同事来说，这是一个顿悟的时刻。这个视频让他们终于意识到了为什么我的感官体验是痛苦的，为什么我有时会心烦意乱，以及为什么我在一天结束时会精疲力竭。

<u>笔记</u>

第二部分

什么是"受限的、重复的行为模式"

根据 DSM-5，在以下四种受限的、重复的行为模式中，儿童至少表现出其中两种才能被诊断为孤独症：

- 刻板或重复的躯体运动、物体使用、言语表达；
- 坚持相同性，僵化地坚持常规，仪式化的语言或非语言的行为模式；
- 高度受限的、固定的兴趣，其强度和关注度是异常的；
- 对感觉输入的过度反应或反应不足，或在对环境的感受方面的不同寻常的兴趣。

那么，这些手册里的术语在真实世界中意味着什么呢？

从第 5 章到第 13 章，我会讲述自己对于"受限的、重复的行为模式、兴趣或活动"的体验和理解。

—05—
闻起来很疼
感觉超敏反应

新办公室的灯光真的太亮了，我没法集中注意力。我不能专心读文章，也不能认真和人讲话。每到下午我就头疼欲裂。从清晨醒来开始，我就会为接下来的一天提心吊胆。我联系了大厦的维修人员，问他们能不能过来修一下我的灯。维修工拿着测光表进来的时候，我还是挺高兴的。他测了一下，又记了点笔记，随后便离开了。我等啊等啊，什么后续都没有等到。于是，我又打了一遍电话。他们告诉我，办公室的灯光一切正常——流明数① 刚刚好，并不昏暗。我向他们说明了我的问题：我只有在办公室里才会头疼，无法集中注意力，在别的地方没事，所以一定是哪里出了问题，也许他们的仪

---

① 流明是衡量灯泡亮度的单位——流明数越高，灯泡越亮。

器坏了。"能麻烦再来看看吗？"我问。第二天，另一个维修人员拿着测光表和笔记本又来查了一遍。几个小时后，我收到一封邮件："办公室的照明水平在合理范围内。"冲突就这样发生了——他们无法"修好"我的灯，因为灯没有任何问题；而我也无法忍受着头疼和焦虑在办公室里继续工作。一位在我隔壁的善良同事旁观了全程，帮我想出了一个解决方案。他爬上我的办公桌，在灯的周围贴了几张纸。这样一来，房间里的光照强度减弱了，我也舒服了。虽然我们的所作所为很可能违反了好几条公司的健康和安全规则，但我终于不再焦虑，也不再头疼了。

　　我的感知体验一直以来都强烈而敏感，尤其是视觉和嗅觉。这个问题真的伴随我非常久了。我曾经以为大家都是这样的——因为每当我试着表达自己的感受时，人们往往会出于好心（有的时候也不是完全出于好心）回答说："我明白你的感受。"他们所传达的意思很明确："我的感知体验和你说的是一样的，所以你应该停止抱怨。"以及："我应付得了这些感觉，所以如果你做不到，就是你太弱了，或者有什么缺陷。"

　　感官敏感并不是"喜欢"或"不喜欢"那么简单——那些感知体验很强烈，也很痛苦。是的，我们也可以忍耐，但付出的代价是惨痛的。心理治疗师建议我把一切负面的感知体验列一个单子，分享给丈夫，在家里和在工作场合都要把自己的需求表达出来。在按照建议这样做之前，我根本没有意识到自己付出的代价有多大。

★★★

在向一组语言病理学家做完报告后，我收到了一个问题："你是如何逐渐意识到自己的需要的？"下面是我的回答：

缓慢，痛苦，不断试错。就像许多同时代的女性一样，我直到成年以后才得到诊断。小时候，我只是看起来和别人不一样，很奇怪，被迫将自己和他人不同的那部分伪装起来。

两个儿子被诊断为孤独症之后，我阅读了自己能找到的所有相关资料。我观察和倾听他们，以便了解和尽力满足他们的需要。有时他们不在我的羽翼之下，比如在学校，我便帮他们争取权益。

令人欣喜的是，我为他们所做的很多调整对我也很有用。自己也得到诊断之后，我在一位优秀的心理治疗师那里接受了治疗。根据他的建议，我列出了很多清单。比如：哪些事情让我感觉很舒服？哪些事情让我感到不舒服？是什么让我感到焦虑？是什么让我感到平静？我还阅读了很多孤独症女性写的书，并在其中体验到许多灵光乍现的瞬间："对，她写的就是我的感受！"

我不断对清单进行修正，这就是我所说的试错。例如，我一直知道自己在办公室工作的时候会焦虑，在某些会议室开会的时候会惊恐发作，但直到诊断之后，我才在探索中发现了真正的诱因，包括过于明亮的灯光、空调、一些特定的颜色等。

视觉

在视觉方面，明亮的光最容易触发我的感受。对我来说，"明亮"的门槛真的很低。并不是我"不喜欢"明亮的光，只是如果你非要让我在一个明亮的房间里坐着，我根本无法集中注意力做事，无论是用电脑工作、读书，或是听其他人讲话都不行。此外，我还会极其烦躁，心跳加快，又焦虑又紧张。不出一会儿，可能是几小时甚至几分钟，头疼就会找上我。我头疼了一辈子，轻微时吃几片扑热息痛就好，严重时只能卧床，不能说话，也看不见东西。我吃过许多药，尝试过各种疗法，还熬过了一系列可怕的检查，包括脑部扫描和腰椎穿刺什么的，都是为了找到让我寸步难行的头疼的原因和解药。

从我有记忆开始，哪怕是阴天，阳光对我来说也很刺眼。我不戴墨镜就无法出门。人工光源也一样让我难受，而且它们无处不在：家里的每个房间，公司的每间办公室、会议室，商场……以前开车的时候[1]，我从不开夜车，因为车灯和街灯让我根本无法专心看路。哪怕不用开车，我也尽量不在晚上出门，因为我知道，还没到目的地我就会开始头疼了。

得到诊断之前，我的假设是：要么每个人都像我一样对灯光敏感，只不过大家都闭着嘴默默忍受，所以我也应该忍着；要么我又没来由地

---

[1] 我不开车的原因很复杂，详见第6章。

多了一个怪毛病，所以我还是应该忍着。于是，我"适应"了。人造光源引起的分心和痛苦经常把我折磨到喘不过气来，但我还是挺过来了，因为"正常人"就该这样。唯一的例外是我丈夫。他给我们家里所有的灯都装了调节明暗的开关，每次开灯之前也会先提醒我。他还总是在车里放着备用的墨镜，并自然而然地也为大儿子买了漂亮的墨镜，这样等儿子开始开车时就会少一些与感官有关的焦虑。

得到诊断后，我更了解孤独症了，尤其是它在女性中的表现。我意识到自己其实是一个正常的孤独症人士，而不是一个有缺陷的神经质。于是，我有了改变行为和环境的勇气，敢于让自己的生活变得更加舒适了。我开始在对自己来说过于明亮的房间里戴墨镜，或者要求公司在我的办公室里安装调节灯光明暗程度的开关，这大大改善了我的工作效率和焦虑水平。当人们看见我在购物或者晚间行车时戴着墨镜，可能会用异样的目光注视我，但这样做令我更平静了，也令我更能专注于正在做的事情。我的头疼也减少了。

我还意识到了一件事。尽管没有超敏反应的人可以拥有同理心，但这并不意味着他们能直观地知道孤独症人士的阈值在哪里。举个例子，我是一个狂热的拼图爱好者。在一天的工作结束后，玩半小时拼图对我来说十分减压，也能让我的大脑为与家人的互动做好准备。有好几次，丈夫走进房间，热心地调亮我特意调暗的灯光：因为在他眼里，我正坐在一片黑暗中玩拼图，他以为我忘记开灯了；而他觉得刚好的灯光在我眼里无异于手术室里刺眼的无影灯。

其他引发焦虑的视觉诱因可能很难解释，但更容易避免。因为与明亮的灯光不同，它们在我的世界中不会持久存在。窄条纹或格子图形会给我带来视觉扰动、焦虑和头痛，但这只有在我与穿着条纹衬衫的人一起开会时才会成为问题。当我看着他们时，不得不用尽全力专注于他们所说的话，避免因为痛苦而做出扭曲的表情。所有亮黄色的物体都会触发我的焦虑。这个问题格外棘手，因为黄色是我小儿子的"快乐色"①。

得到诊断之前，我并不知道这些东西会触发我的焦虑——我知道的只是在与某些人开会或身处某些地方的时候，我会非常焦虑，难以集中注意力，还会头疼，以及在有的时候，当我准备出门上班，看到镜子里的自己，或者在电梯的镜子中瞥见自己时，我会恶心和烦躁。我误以为一切都是因为我的头疼，与穿着无关。真相水落石出之后，我就把所有的条纹衣服都送人了。

嗅觉

我对气味的敏感性是极端而广泛的，而且通常很难摆脱，尤其是在我不想冒犯别人的时候。有时我会觉得某种气味特别刺鼻，而其他人却

---

① 亮黄色会触发我的焦虑，而触发我儿子焦虑的是红色。尽管没有科学依据，但我们一致认为这可能是心理因素造成的。因为在体育课上，我曾经属于"黄队"，而他属于"红队"。鉴于我们都在学校体育课上有过很糟糕的体验，我们怀疑原因就在于此。

几乎察觉不到。下面这样的情境经常在我家里出现：

我： 这么强烈的橘子味是从哪儿来的？

丈夫： 我什么都没闻到啊。

我： （在厨房的抽屉里搜寻）它是从这里来的……就是这些垃圾袋！

丈夫： （我把罪证放在他的鼻子底下之后）可能吧，这些带柠檬味的垃圾袋是我买的，但是气味真的很淡。①

　　有一些我难以忍受的气味是普通人也觉得难闻的，比如油漆、漂白剂和呕吐物的味道，所以我可以毫无顾忌地说它们难闻。当我们装修房子的时候，我不得不在刷墙时以及之后几天跑去别的地方。这不是因为我"不喜欢"这种气味，而是因为它会完全侵占我的感官，我在这种气味中根本无法思考、阅读、交谈或维持基本的功能。我只使用天然或无味的清洁产品，因为许多商品的化学气味都让我头疼；如果有人用漂白剂清洁了家里的浴室，接下来的几天里我都无法踏进一步。其他人虽然可能不了解这些气味给我带来了多少痛苦，但基本上也同意它们确实不好闻——是的，他们会说他们"明白我的感受"。

　　还有一些让我痛苦的气味是通常被大家认为有点难闻的，例如杀虫剂，或者是只有某些人不喜欢的气味，例如帕尔马干酪。虽然人们可能

---

① 大儿子读到这里时，补充了一个故事：他对柑橘味敏感，所以他的伴侣总是在办公室而不是在家里吃柑橘。有一次，伴侣在看电视节目的时候突然不见了——原来她特意跑去厨房，开着抽油烟机吃橘子，以免干扰到大儿子。

并不了解我的不适，但普遍可以接受我不喜欢这些味道的事实。在家里就比较简单，如果丈夫和儿子们在意大利面上撒了帕尔马干酪，我就去另一个房间吃饭。小儿子和我一样讨厌杀虫剂，所以他总是勇猛地用苍蝇拍打苍蝇，并将蜘蛛小心翼翼地赶到屋外。然而，在工作中就比较棘手了。例如吃午饭的时候，如果一位同事带着帕尔马干酪进来了，我为了不显得冒犯，不可能直接起身离开。我也不能阻止同事在办公室的卫生间里喷空气清新剂。而且我从小就学到，不可以说别人气味太大，所以我只能在电梯里憋气。一位同样患有孤独症的朋友给了我一个很好的建议：买一种自己喜欢的唇膏或精油，涂在鼻子底下，盖过难闻的气味，这个方法特别适合在开会和听讲座的时候用。

最难解释的要数那些让我痛苦但其他人喜欢的气味。香水、须后水和身体清新剂的味道对我来说都很刺鼻。如果家里有谁在我所在的房间里喷了清新剂，或者在使用后一小时内从我身边走过，我都会感到不安和反胃。如果我们要开车出去，而丈夫刚刚洗过澡并用了身体清新剂（大多数人都认为这属于一种社交礼仪），我就得摇下车窗，不然就会头疼得厉害。家人们已经习惯了这一点，所以当我从拥抱中逃走，或在他们走进房间时立刻离开，他们不会感到被冒犯，但其他人则往往不会那么理解，比如同事、朋友和陌生人。所以，我在电梯里就只能憋着啦！

听觉

对声音的敏感性是一件很复杂的事。就我的情况而言，它是一系列因素的组合：我听到了什么声音、声音有多大、我是否对此有所准备，以及我是否可以控制它。拿音乐来举例子吧。

我听到了什么声音：我喜欢某些类型的音乐，如乡村音乐、愉悦的歌曲；不喜欢某些类型的音乐，如说唱、重金属乐；对某些类型的音乐则感到困惑，如古典音乐——它们又没有歌词，怎么能算得上是歌曲呢？

声音有多大：即使是我最喜欢的音乐，我也不喜欢太大声。

我是否对此有心理准备：当丈夫转动钥匙、发动汽车，音乐自动响起时，或者有人在厨房里毫无征兆地打开收音机时，即使播放的歌曲是我喜欢的，我的焦虑值也会飙升。这个情况也适用于我是否知道它会在何时结束。例如，如果邻居在聚会，而我知道他们播放的音乐会在什么时候停止，就可以在某种程度上控制自己的焦虑。

我是否可以控制：当我无法控制音乐的类型、音量或持续时间时，我都会感到焦虑。这几个因素可以叠加，所以当我对三者全无掌控时，绝对会崩溃。

我曾经很喜欢刷 Facebook Marketplace[①]。页面上会推送赞助广告，虽然令人讨厌，但还可以接受。直到后来，推出了自带音乐的赞助广告。我好好地刷着网页，突然之间，一阵音乐向我袭来。我完全没有心理准备，也无法控制它，而且声音又很大，曲调还是完全随机的。就这样，Facebook Marketplace 成了一场让我的焦虑情绪飙升的感官噩梦。Facebook，如果你们能读到这段话，请添加一个"关闭"功能，好吗？

对于孤独症人士和其他在感觉加工方面存在问题的人来说，一些令人愉悦甚至小到难以察觉的声音也可能会让他们感到不舒服或痛苦。对我来说，钟表指针走动的声音是最可怕的。我进入一个房间，听到时钟在嘀嗒作响……这种声音充斥着我的耳朵，我无法屏蔽它，也无法专注于谈话，心跳越来越快……我妈妈尤其喜欢钟表，在每个房间里都要放上一个。这些坐落在走廊里、十分漂亮、大而响亮的落地钟简直是我成长中的劫难。我只有把围巾缠在耳朵上，再把头埋在枕头底下才能入睡，不然就会魔音穿耳。妈妈偶尔会忘记给钟上发条，我爱极了那些安静却少有的日子。大儿子告诉我，他也有同样的困扰——不过，他的语言和智慧助他逃过了一劫。当他去外公家做客时，说服外公把时钟关掉了。

孤独症的典型表现是难以挑选和隔离特定的感官输入，尤其是声音。当我身处一个存在多种声音的环境中时，会接收到所有的声音，而

---

① Facebook Marketplace 是 Facebook 于 2016 年 10 月 3 日在移动端推出的一个售买功能，允许用户在 Facebook 上购买和销售物品。——译注

且在我听来，它们的音量往往是相同或非常相似的。我和家人一起在车里时，丈夫总是会问我："你听到那个声音了吗？"这是一个对我来说很迷惑的问题，因为发动机的声音、风声、其他汽车的声音、收音机的声音、丈夫的呼吸声和儿子的鼾声——他总会在车里睡着，所有这些统统都会灌入我的耳朵。对丈夫来说，他可以通过识别仪表盘发出的微小声音是否"正常"来检测汽车有没有故障。我很可能也能听到仪表盘出故障的声音，但我和他的不同之处在于，他可以将那个特定的声音与所有其他声音区分开来，把大部分注意力都集中在那个声音上。我多么希望有一天我也能做到啊！

在咖啡馆见朋友的时候，如果我能听进去他们所述内容的10%以上，便会觉得自己实在太了不起了。是的，我在全神贯注地听他们讲话，但同时我也会听到管道的噪声、隔壁桌的对话、驶过的汽车声、咖啡机的嗡嗡声、人们把椅子拖来拖去的声音，以及开关门的声音。如果咖啡馆里有一间让我不必与这些噪声战斗，可以跟朋友专心交谈的隔音室该有多好啊！

在确诊孤独症之后，我才意识到普通人对声音的体验和我不一样。第一次觉察发生在一次工作会议上。一位演讲者在会议中播放了一段视频，是他与学生一起做的项目。视频中有一段学生对着摄像机讲话的片段，然而，背景音乐让我根本无法听清学生们在说什么。我就坐在老板旁边，中场休息时，我本来打算和他抱怨说："这是什么烂视频啊，那些学生说了那么多话，但谁也听不清。"谢天谢地，老板先我一步开口了。

老板：这个视频太好了，我们也应该做一些类似的东西来推广项目。

我：我还以为这个视频很差呢——那些可怜的学生不得不抬高嗓门来盖过音乐的声音，我根本听不清楚他们在说什么。

老板：你是说背景音乐吗？我几乎没有注意到——我太专注于学生们说的话了。

我在晨间休息的时间里委婉地问了问其他人对视频的看法。果然，大家都很喜欢，哪怕有些人有意见，也是针对视频里某个特定图像或事例的，没有人提到震耳欲聋的背景音乐。问到第 10 个人的时候，我才意识到大家都拥有和我丈夫一样的能力：他们可以只听一种声音而忽略其他声音。也许这就是为什么除了大儿子以外，我认识的每个人都不需要把手机和平板电脑永久静音，他们可以正常观看视频，不用担心音乐盖过了重要信息。当然了，手机一直静音的坏处就是总会错过来电。

我今年 53 岁了。这 53 年来，我一直是这样一个患有孤独症的"我"。我从来没有意识到，其他人都可以正常观看有背景音乐的讲话视频，能够将这两种声音分开，只关注其中一种。我以为每个人听到的声音都和我听到的一样。我知道自己对声音非常敏感，在房间里有其他声音干扰的情况下很难跟上谈话，但我没有意识到其他人的大脑可以如此有效地过滤掉一种声音，只专注于另一种。

味觉

其实我对本节的标题有所疑问，因为有时我很难弄清楚某些食物让我难受是由于它们的味道还是质地。从理论上来说，质地是属于触觉的。

在我身上存在的有关食物的各种各样的问题中，有一些是很容易理解和解释的。比如，我对麸质和乳糖严重过敏，如果吃了含有这二者的食物，会立刻出现肉眼可见的症状：恶心、胃痉挛、腹部肿胀，肿到整个人看起来像是长了腿的鸡蛋一样。还好，大多数人都能理解这种情况，而且现如今越来越容易在市场上购买到无过敏源的食品了。

我对另一些食物的排斥则更多是针对它们的味道的，比如我不喜欢咖啡、啤酒或葡萄柚的味道。还有一些问题则是关于新奇感：我不喜欢新的、不同的或意想不到的东西，所以如果我之前没有吃过某种东西，自然而然便觉得自己不会喜欢它。

但是，还有许多关于食物的困扰是针对它们的质地而不是味道的。我很难解释清楚这件事，其他没有孤独症的人也很难理解我。拿小儿子举例来说吧。他不能吃烤豆子。他也试过，特别是有一位营养师说豆类可以大大增加饮食中蛋白质和纤维的含量，但豆子在他嘴里的"感觉"会让他非常不适。他真的受不了，甚至会产生生理性干哕。但是我很喜欢烤豆子。不过，我也可以理解它们为什么会让儿子这么痛苦，因为我也不能吃鹰嘴豆或小扁豆等类似质地的食物，它们会给我带来和儿子吃烤豆子同样的反应。比方说，我真的很喜欢意大利蔬菜通心粉，但在吃之前我必须仔细挑出酱汁里所有的黄豆和鹰嘴豆。类似的情况还包括，只要我能在吃之前把所有的柑橘皮都挑出去，吐司上的橘子酱还是蛮美好的。

人们理应把餐盘里的食物都吃光，尤其是孩子，在吃干净之前不能下桌。我这代人是伴随着这样的规矩长大的。这个规则的背后确实有许多缘由：对于那些在食物匮乏的年代长大的人来说，浪费食物是可耻的。在那个年代，大家信奉着这样一条准则：如果不教育孩子好好把每顿饭都吃完，他们长大后就会变得挑食，还会营养不良。小时候，肥肉是我的噩梦，包括牛排、排骨、烤牛肉等。我的父母不明白，当时的我也不明白，这并不是一个普通的挑食问题，不是逼我吃掉这些所谓营养丰富的东西就能解决的。我试遍了书里的每一个技巧，比如把肥肉剩下，比如尽可能把肥肉拖到最后吃——现在看来，那是个非常糟糕的方法，因为肥肉变凉之后更难吃了。我完全吃不了红肉。直到今天，只要看到一块肉上有明显的脂肪，我还是本能地想吐 ①。

不过，长大之后，作为一个成年人就可以在家里说了算了。丈夫明

---

① 我十几岁的时候爱看《疯狂》杂志（MAD）。有一次，我读到一篇对阿奇漫画的戏仿之作，其中一个角色出于某种原因强行给另一个人喂鸡油。40年过去了，我仍然记得那幅画面，它深深地印刻在我的脑子里，时常出现在我的噩梦中。

白我吃的饭必须是"纯享版"的，要排除那些无法接受的口感。但是去餐厅这样的公共场所吃饭时，事情就比较麻烦了。首先，我和丈夫要仔细阅读菜单，排除掉大多数我不能吃的菜品；然后，我们还要神不知鬼不觉地把食物分成几小堆，或者偷偷交换餐盘。真正棘手的情况是受邀到别人家里吃饭。因为即便大多数人都理解"无麸质"和"无乳糖"的概念，但他们往往难以接受"纯享版"。这样便把我抛入了一个两难的境地：我要么强迫自己吃一些需要动用所有感官来忍受的东西，于是便没有心思聊天或倾听别人说话了，要么就要在盘子里剩下一小堆食物，冒犯到辛苦为我准备餐食的主人[①]。

触觉

得到孤独症的诊断后，我最大的顿悟是终于意识到了，我的很多焦虑和烦躁其实是源于我接触到的东西——或者更准确地说，是接触到我的东西。我一直都知道自己不能穿某些面料的衣服，因为它们会刺痛我的皮肤。比如，羊毛面料会让我感觉非常痒，痒到想把全身都挠破。哪怕一件衣服里只含有 10% 的羊毛成分，我摸一下就能感觉出来——因为只要我轻轻碰一下，皮肤上就会出现一种可怕的刺痛感。尼龙、聚酯、粘胶纤维等合成材料会让我出汗，也会让我烦躁。这些问题相对来说比

[①] 社交焦虑和味觉敏感的"双管齐下"，曾经导致我彻底回避一切可能会涉及食物的社交互动。

穿毛衣的时候我所感受到的

较容易避免，我只要给自己选择舒适面料的衣服就行了。然而，当家人穿着羊毛材质的毛衣来拥抱我时，事情就会变得很麻烦。

我以前没有意识到，在衣服和家装方面，还有其他很多令我抓狂的东西，都要归咎于我高度敏感的特质：其他人对这些东西的感受跟我不一样，他们并没有在默默忍受。与我的其他许多问题一样，我曾经的逻辑是：如果其他人都觉得没事，那么就是我不够坚强。我当年这么想其实挺傻的。现在的我会因为儿子的校服和校方争论不休——"不，我不会逼他穿校服的，因为袖子上的松紧带让他无法集中注意力！""不，他不能穿校服的毛衣，因为领子会刺痛他的脖子！"[1] 有一部卡通片启发了我，其中的情节很好地从视觉上展现了普通人和孤独症人士对衣服上的标签的"感觉"是何等不同。当我向父母抱怨"衬衫上的标签会刺痛我"，或者告诉丈夫"衣服上的缝合线让我感觉很痒"时，就好像我在说拉丁语，而他们听到的是日语。现在，我在穿新衣服之前会毫不犹豫地把标签剪下来。我还会在穿每件衣服之前至少洗两次，以确保没有残留的染料造成皮肤瘙痒[2]。

我无法接受任何人或任何东西触碰我的眼睛，包括我自己。也就是说，我完全不可能使用隐形眼镜、眼线笔、睫毛膏，也不可能接受眼科检查——我在第 7 章会谈到这件事。不过，就像其他青春期的女孩一

---

[1] 致妈妈，还有我的高中老师：看到这儿，你们终于明白我为什么总是把校服毛衣"弄丢"了吧？
[2] 这也导致在工作时，"着装得体"的要求对我来说简直成了一场噩梦。

样，我也曾强迫自己把各种化妆品涂到眼睛上。我可以在不到 10 分钟里洗完澡，擦干头发，化完大部分的妆。但我往往需要 20 ～ 30 分钟的时间来化眼妆。我一一阅读并实践了美妆杂志里的所有指导：往上看，往下看，往旁边看。但唯一有用的方法就是用一只手紧紧固定住我的眼睑，然后用另外一只手画眼线、上睫毛膏。这通常意味着我会控制不住地一直眨眼、躲闪，把睫毛膏弄得到处都是，就是不在眼睫毛上。我就这样一直与自己搏斗，直到化得差不多为止。成为"上了年纪的女人"的一个明显好处就是人们不再那么关注你的外表了，所以从几年前开始，我就不再化妆了。

我还发现，高度敏感和迟钝可以共存。小儿子和我一样，对接触皮肤的东西极度敏感，包括标签、衣服的缝合处、松紧带等，但他对身体接触的感觉与我完全不同。他无法忍受轻柔的触碰——当他还是个孩子的时候，理发是一场噩梦；但有一定力度的压感却会让他很舒服。所以，他不喜欢刷牙，但牙医可以轻松地给他洗牙。

<u>笔记</u>

—06—

我的手在哪儿

本体感觉

小时候，我在学校最讨厌的就是体育课。

　　每周的体育课都是一场让我被同龄人嘲笑的悲剧。我就是那个永远挥舞着打不到棒球的球棒、拍不到羽毛球的球拍的孩子，我接不住别人扔给我的球，也没法踢足球。我还是班里唯一一个打不中儿童棒球的孩子。向那些从未体验过这种折磨的人解释一下，这项运动是指击打一个固定在杆子顶端的垒球。这本来应该挺容易的，因为你不必去瞄准一个在空中快速向你飞来的球——球就一动不动地摆在你面前。然而在轮到我打的时候，球是真的一动不动。我认认真真地按照他们告诉我的那样握住球棒，挥动手臂，但击中的永远不是杆子就是空气。一开始，我的笨拙为全班带来了无尽欢乐，但同学们很快就厌烦了，因为体育老师会让我一直练习到能打中为止。我耽误了全班的时间。

体育课是我的噩梦。最后父母带我去看了一位心理医生，他给学校写了一张便条，要求免去我的体育课，因为它损害了我的心理健康。看到这里，一些人可能会觉得这太极端了，或者觉得好笑。但对我来说，这段回忆真实而痛苦。体育课踩中了我的三个雷区——我不协调的身体和两个最大的心理弱点：对失败的恐惧和社交方面的焦虑。一周又一周的体育课上，我站在那里看着两位"队长"轮流挑选队员："我要珍妮。""我要玛丽。"……我心里清清楚楚地知道，自己一定会是最后被剩下的那个，然后，某一队就会不幸得到我这个"猪队友"，叫苦不迭。对我来说，没有什么比这更痛苦的事了。

当然，体育运动并不是唯一需要肢体协调的事情。整整一辈子，我都致力于在上下楼梯的时候摔跤，撞上静止的物体，把四肢磕到家具上。我永远都带着一两处瘀伤以及各种割伤、烧伤和其他轻伤。小时候，我是个笨手笨脚的孩子；长大后，我是个笨手笨脚的成年人。一般而言，在家里磕到碰到其实没什么，但是当我外出时，情况就会更严重一些。如果我不小心走到一辆行驶中的汽车前面，大多数情况下，司机会踩刹车、转弯或按喇叭，我便会毫发无损地回家去。然而有一次，我没有那么好运，在错误的时间出现在一辆公共汽车前，醒来的时候，我已经在救护车里了。不幸中的万幸是，我没有受什么重伤，只是最爱的一件毛衣因此牺牲了，而且我因为不注意看路而受到了谴责，尴尬万分。

吃饭的时候，我总是会弄得又脏又乱。我知道自己的嘴在哪里，也知道叉子或勺子在哪里，但不知为什么，我总是没办法把食物准确地送进嘴里，而是会把它们弄到下巴、衣服、桌子或地板上。家人们已经习惯了，丈夫为我端上晚餐时，还会特别附上一条餐巾或者其他可以用作围兜的物品。在工作场所，这个问题则有点棘手，但好在我会提前准备一些绝佳的应对策略：永远不吃那种鸡尾酒会上提供的用手拿着吃的简餐，因为我知道自己肯定会弄洒一大半；还有，如果我知道聚会上要吃饭，就一定会穿深色的衣服，也许还会带一件备用的——这个小贴士是我在一次早餐活动时总结出来的，我是那次活动的主讲人，但那一天，我把酸奶弄到了黑色西装上，污渍太显眼了，我只能换一件衣服。

我曾经以为，自己只需要努力把事情做好就可以改善笨拙，就像改善生活中的其他事情一样。直到后来，我得知了"本体感觉"这个概念，它是指我们能感觉到身体的所有部位在空间中所处位置的能力。我还发现，许多孤独症人士的本体感觉都有问题。我对本体感觉有一些粗浅的了解。例如，它可以解释为什么我和儿子认为重力毯是自轮子以来最伟大的发明。普通人很难理解为什么我难以入睡、夜间又频繁醒来，为什么我睡觉时需要将手臂压在身体下面，为什么我不能睡在感觉不到边缘的大床上。第一次尝试盖着重力毯睡觉的那个晚上，我就像是被魔法拯救了：突然之间，我可以感知到身体的边缘了，哪怕是在昏昏

欲睡的时候！ ①

说实话，直到丈夫非常善意地提醒后，我才首次意识到了本体感觉和偶然撞到东西之间的联系。他说，我总是撞到这么多东西和人的原因可能是我走路时一直看着自己的脚。我从来没想过其他人走路的时候并不需要看着自己的脚。于是，我在网上搜索了"走路时看脚"。我发现了一个描述本体感觉异常的网站，里面列出的各种现象和症状简直就是在描述我本人。

无法掌握平衡，例如难以单脚站立，或在走路和坐着时经常跌倒。作为一个成年人，我尝试过一系列不需要与其他人组队的健身运动。我喜欢普拉提和瑜伽，但我永远无法完成那些需要单腿站立的姿势。班上的其他人看起来都很优雅，只有我摇摇晃晃，不停把脚放回到地上，因为不这样做我就会摔倒。

肢体运动不协调，例如不能走直线。我还记得有一次在电视节目中看到，交警会测试你是不是能走直线，以此来查酒驾。我在滴酒未沾的状态下试了试，却根本做不到。在运动会上，我总是误入另一条跑道——好在我跑得实在太慢了，其他人早已到了我前方很远的地方，

---

① 有一次，我看到一个孤独症网络小组里有人问大家是不是会把手压在腿的下面或者夹在双腿中间，好几百人回复说自己确实会这样做。其中一个回复是："否则我怎么知道自己的各个身体部位在哪儿呢？如果它们不挨着点什么东西，只是在空中存在着，我就感受不到它们。"这个回答很生动地描述了我的感受。

所以不会造成任何伤害。

笨手笨脚，例如经常弄掉或撞到东西。不幸的是，我撞到的不仅仅是无生命物体，我还经常撞到人。小时候，我经常被人说"看着点路"。我在家人的厌烦和自身的羞耻中长大，深知自己是一个笨拙而尴尬的存在。我在步行上学的路上会被各种东西绊倒，不停撞上放置在人行道上用于防止汽车进入的路障。我至今依然记得自己被树枝绊倒，而同学们在旁边哄堂大笑的那天。我真的已经很努力了：走在街上时，我会偷偷地看着向我走过来的人，仔细思考应当如何移动才不会撞到他们，但无论怎样，我最后还是会撞上去。好在我有一位善良的丈夫和两个时刻保持警惕的儿子，他们会温柔地引导我穿过人群，并在快要遇到路障的时候提醒我。

难以控制姿势，例如在坐着时必须把大部分身体放在桌子上才能保持平衡。有一句贯穿我童年的话："坐直了，不要懒懒散散的。"我试过了，我真的尽力了。我现在已经50多岁了，仍然会被人说我坐没坐相。我那痴迷于各种小配件的丈夫给我买了一个可以放在后背上的设备，我一坐歪它就会震动。我只坚持戴了两天，那玩意儿震得我快疯了。这也是我在瑜伽、普拉提和其他垫上健身活动中总是苦苦挣扎的另一个原因。教练不断提醒我"保持颈部弯曲"和"保持背部挺直"，但我明明已经在做了呀。我必须花费大量精力才能确保姿势正确，以至于根本没发现班里的其他人都早已去做另一个动作了。

难以判断自己的力量，例如在书写时用力压笔，或者无法估计拿起某个物体所需的力量。我一生中经常听到的另一句话是："别那么用力。"无论是用电脑还是以前用打字机，我打字时往往会过分用力，以至于经常有人问我是不是生气了，或者让我轻点儿、安静些。我发现自己总是不知道该使多大的力。所以我不敢去抱朋友或者家人的宝宝，不是因为不喜欢婴儿，而是因为我害怕自己抱得太紧或太松，会伤害他们或者把他们摔到地上。

回避某些运动或活动，例如尽量不爬楼梯或在坎坷的路上行走，因为害怕跌倒。楼梯是我的克星。装修的时候，我们在房子里建了一座楼梯。在装修之前，我只能从前门出去，通过室外楼梯上到二楼。新楼梯让我不必在黑暗和寒冷中爬到二楼的浴室，这让我很欢喜。但是，直到装修完的一年后，我仍然在上下楼梯时小心翼翼，把双脚都放在同一级台阶上之后才敢下到下面一级，同时一直紧紧抓着扶手。出于某种原因，我经常梦到搬进了一所新房子，自己被困在顶层，楼梯看起来复杂又危险，我根本下不去。

作为一个笨手笨脚的人，当我终于鼓足勇气考下驾照后，一些家人自然而然有了这样的反应："今天最好待在家里，外面不安全，因为桑德拉在开车……"不得不说，他们的笑话是有些道理的。我开车的第一年就出了两起车祸——一场严重损坏了我的车，另一场彻底把它报销了，但幸运的是，没有人受伤。这两起事故很相似。第一起事故是在我拿到驾照后不久发生的，我在十字路口右转时被一辆反方向直线行驶的车撞到了。第二起是在几个月后，我在十字路口右转时，看到一辆汽车向我驶来，于是我加速了。事故现场的交警说，从法律上讲，这两起事故责任都不在我：第一起事故中的对方司机超速了，第二个司机闯了红灯。

虽然错不在我，但这两起车祸的严重性令我重新考虑了开车这件事。第一起事故可以归咎于我是一个新手司机，因为一个更有经验的司机可能会意识到迎面而来的车辆正在超速行驶，从而放弃转弯。而第二起事故其实不该发生，因为我当时在通过十字路口，看到对方并没有减速，所以我就加速了，想着可以让开他。然而，从理论上讲，我应该赶紧开到空车道上躲开，最多不过是虚惊一场；然而现实与理论相反，当时的我一头扎进了红绿灯柱[①]。

在那之后的很多年里，我再也没有开过车。直到有一天，一个朋友让我帮她把车移出停车场。这是一个简单的请求——停车场不是川流不息的街道，那里没有红绿灯，而且大家的车速都很慢。然而不知怎的，我稀里糊涂地撞上了一栋建筑物的外墙。在这次事件以及其他许多旧事中，我是多么希望那个时候的我已经懂得了我现在知道的关于本体感觉的道理啊！第二起事故与第三起事故的共通之处是，我并非不清楚车的位置或其他车辆、建筑的位置，我是不清楚自己的位置——在第二起事

---

① 我为这个错误付出了昂贵的代价，不仅把车撞坏了，还把红绿灯掀翻了。另一名司机跑了，查不到他的身份，而且撞到红绿灯的是我的车，所以我支付了全部赔偿费用。

故中，我不清楚转向时自己的手处于方向盘的什么位置；在第三起事故中，我不清楚自己的脚相对于刹车和油门的位置。

★★★

我一生都在与触发式设备作斗争：电子门在我靠近时从不打开，自动皂液器在我伸出手时拒绝挤出洗手液，我把手放在干手机下面时它们也不吹风。我多么希望这是因为设备有故障啊，但我明明看见其他人轻轻松松地把手烘干了，而我靠近机器时它却完全不好使。小时候，我会幻想自己是隐形的，或者是因为我的存在瞬息万变，所以机器捕捉不到我。我就这样一次次在电子门前耐心地等待别人进出的时候趁机跟出去；我放弃了干手机，用纸巾擦干我的手。

随着年龄的增长，我意识到自己显然不是隐形的——如果我有这种超能力，就可以躲开那些欺负我的孩子了。当我问身为普通人的朋友们有没有类似的困扰时，他们往往都很困惑："不会啊，我从来没有经历过类似的事。这是什么意思啊？"于是我便不再追问，明白自己需要隐藏的秘密又多了一个。

最近，我在 Facebook 的一个孤独症小组看到了一项调查，询问人们是否难以启动干手机、自动皂液器、电子门和其他动作触发式设备。我立即投了赞成票，并惊讶地发现几乎有四分之三的人表示自己遇到过同样的困难。作为一名研究者，我很清楚这个调查的数据存在偏差，因为它只是针对孤独症小组成员的，而且经历过此类问题的人更有可能注意到这个调查并做出回应，但这仍旧意味着的确有许多除了我之外的人也在与这些设备苦苦搏斗。

这个调查让我有了一些思考。虽然没有科学依据，但我的理论如下：逻辑告诉我，这些设备是无生命的，并不会因为我们患有孤独症就选择性地忽略我们，而且这些设备无法自己移动，它们永远处在我们认为它们所处的位置。于是，只剩下了一种解释：也许这些设备对我们不起作用的原因，是我们不知道自己的位置在哪里。

★★★

随着对孤独症越来越了解，我越来越能接受自己在本体感觉上的困难了，有时候也会越来越愿意告诉别人我在一些事情上比较特殊的原因。撞到东西时，我不再责备自己。我开始接纳自己就是会把一些晚餐弄在地板上——这倒是让我家的狗狗十分高兴；我也不再那么在意衬衫上和裤腿上的食物污渍了。遇到困难的时候，我乐于接受家人的帮助。比如在上楼梯的时候让丈夫帮我拿着茶杯，这样我就可以专心看脚了；当儿子自告奋勇地帮我把馅饼从烤箱里拿出来时，我会很感激，这样我就不会烫到自己了。被医生和理疗师发现我身上有新的瘀伤时，我不再感到尴尬，也不再勉强解释说所有伤害都是我自己不小心造成的。

不过，我在本体感觉上的问题仍然会在工作中带来一些麻烦，比如我会撞到人，会从椅子上摔下来，会碰洒自己和其他人的水杯，也仍在同触控灯和自动门进行着旷日持久的斗争。我还发现自己的社交焦虑和本体感觉困扰之间有冲突。比如，如果我给你倒一杯饮料，很可能会把它洒出来，但如果我不给你倒饮料，你会觉得我很没礼貌；如果我在活动结束后帮忙收拾盘子，很可能会把食物弄到自己或别人身上，但如果我不帮忙，又会被认为不够热心。

笔记

$-07-$

5+1=27

感觉超敏反应叠加

对于大部分人来说，每年一次的眼科检查不算什么，对我却是一个不小的挑战。实际上，我怕的不是真正的视力测试环节——看着视力表说出看到的字母朝向，我怕的是之前的部分。因为那一系列关于"眼部健康"的检查会激发我对于光和触觉的超敏反应。

我完全理解测试眼压的重要性[①]，但是当医生说"别动，不要眨眼，仪器会向你的眼球快速喷三次气"时，我的焦虑水平便会激增。通常情况下，我可以强迫自己睁大眼睛挺过第一次吹气，但第二次和第三次就难了。因为

① 眼压测量（张力测量法）是青光眼的基本筛查测试。

我确切地知道接下来将要发生什么,所以整个身体会像弹簧一样紧张地扭在一起。然后,当我尚未从恐惧中恢复,还在瑟瑟发抖时,又会听到"现在我们再来看看另一只眼睛"。

但这还不是最糟糕的。接下来,是向眼睛照射强光的环节①。我会告诉医生我对光很敏感,于是医生便发出一些安慰我的嘘声,然后无情地将一道光射入我的眼睛。那道光太亮了,疼痛像刀子一样刺入我的脑海。"保持不动就行,"医生说,"不要眨眼。"

不要眨眼?我已经耗尽了所有的意志力和感官能量去压抑呼之欲出的尖叫,还要强忍着不把头从仪器里拔出来。"你做得很好,"医生说,"现在我们再来看看另一只眼睛。"我扭动着身体,指甲深深掐进了皮肤里,努力试着把注意力集中在呼吸上。

接下来到了无害且无痛的视力测试环节。但是仅仅几分钟前,我还在痛苦中扭曲着身体,显然此时此刻的我并不在测视力的最佳状态。我心跳超速,焦虑爆棚,视线模糊。通常直到测试进行到一半的时候,我的压力水平才能下降到能够在听见"A和B哪个更清楚"这样的问题时提供准确而响亮的答案。

终于到了从柜台里的上百种镜框中挑选出一对,并得到大家一致赞同的

---

① 检眼镜(强光)使验光师能够判断眼球后部是否存在损伤的迹象。

时候了，然而十次中有九次，我会找个借口先行离开，改天再回来。经历了这些折磨，我的逃避也就不足为奇了。或许，更值得担心的是另外一件事：我的新眼镜经常会有些不对劲——在重新测试时，工作人员发现需要再做一些调整，不过还好，不必把前面的那些"检查"重新经历一遍了。

那么，在眼科检查中，可以做点什么来改善我的体验呢？相信我，我当然深刻地思索过这个问题。我的答案是，可以对相关人员进行有关孤独症的科普和培训，这样他们便会明白，对于我们孤独症人群而言，这些检查的痛苦程度绝不仅仅是"有点不舒服"。还有，可以先测视力，因为这时候我们还没遭受折磨，尚且能看能说，那些令人痛苦的检查可以往后放一放。再或者，可以先检查一只眼睛，然后在检查另一只眼睛之前留出几分钟来缓解压力，让我们有时间恢复正常的精神状态。还有，可以先找人帮我们筛选一部分镜框，这样便可以让我们在一个较小的范围里进行选择了——反正从经验来看，我每年都会选择与现有的镜框最接近的一对。

像许多孤独症人士一样，我发现，当存在多种感官输入的时候，处理它们所需要的精力是会累加的。依照我的感受来看，它们累加起来的方式更像是指数增长，而不是简单的加法。举例而言，如果身处一个灯光非常明亮的房间里，我就没有足够的精力跟上聊天的节奏；如果看着你的眼睛或者电脑屏幕上的面孔，我就会很难理解你在说什么；如果与此同时我衬衫上的标签正贴着皮肤，那么明亮的灯光对我来说就会变得倍加痛苦。因此，如果你要帮助一位孤独症人士，或者你本人就是一位倡导舒适环境的孤独症人士，请注意所有潜在的感官触发因素，也请去额外了解针对不同个体的特殊因素，这真的很重要。

感觉超敏反应会对孤独症人士生活中的许多领域产生重大影响。例如，它会限制我们在教育和就业方面的能力和潜力。对大部分孤独症人士而言，我们在学习和工作中遇到的困难并不是由于能力不足，而是因为被迫处在一个让我们不知所措的环境中[①]。如此一来，我们便只能在事业成功和健康幸福之间牺牲其一。

得到诊断前，当我尚且以为每个人都在以我的方式体验这个世界时，我认为自己的痛苦源于软弱：其他人都可以做到，所以我只需要更加努力。我忍受着旷日持久的焦虑、头痛和耗竭，误以为它们是我必须付出的代价，不可避免。我忍受着不断涌现的感官刺激，挣扎着与他人对话，竭尽全力倾听和处理重要的信息，把它们当作工作的一部分。每天下班回家后，我身心俱疲，只想爬到一个黑暗而安静的房间里蒙头大睡，然而，我却不得不强迫自己继续坚持，并责备自己太过脆弱，因为"其他人都可以做到"。

---

① 此外还有社交方面的困难，以及大众因不够了解和接纳孤独症群体而造成的障碍。我已在第3章中阐述了这些问题。

普通人的感官体验　　　　孤独症的感官体验

在得到孤独症的诊断后，针对这个问题，我跟着心理治疗师做了很多工作。在这个过程中，我也阅读了大量书籍，看了许多相关的视频。我开始渐渐意识到，许多同事体验这个世界的方式与我完全不同。他们喜欢灯光、声音、气味以及源源不断的感官信息，他们也有能力"过滤"掉各种会分散他们精力的东西。

在心理咨询的帮助下，我试着逐渐识别工作环境中会对我产生负面影响的事物。对于非孤独症人士来说，这可能听起来很奇怪——你怎么会不知道是什么让你痛苦的呢？但是，当你被各种感官输入折磨到几近崩溃时，很难辨认出问题到底是什么，更别提找到解决方案了。尽管这些问题其实都很简单，比如为什么我在这个工作环境中感到舒服，而在另一个工作环境中却会难受，以及我要如何把舒适的环境复制到另一个环境中去。

在孤独症的世界中，随着对这一问题和我自己的了解变得越来越多，我开始逐渐意识到感官体验对个人生活产生的巨大影响。曾经，我不断怀疑自己，焦虑情绪日益累积，再加上我身处一个并非为我这样的人所建的世界里，只能强迫自己"应对"身体和情绪上的累累伤痕。这一切深深损害了我的健康和幸福。而现在，我已经了解自己的诊断结果，也意识到了压抑自己真正的感受和需求会造成什么样的长期影响。回首往事，我衷心希望曾经的自己能尊重身体感受，而不是一味追求表现得"正常"、克服自身的"弱点"。

我热爱自己的工作，还拥有一位支持我的老板，一个能够接纳我的怪癖的团队，以及一个愿意对工作环境进行调整以降低我的压力水平、帮助我维持正常运转的组织。我对自己的幸运心存感激。然而，在遇到他们之前，我经历过一系列让我精疲力竭、痛苦不堪的工作场所和企业文化，在艰苦的路途中孤独跋涉了许久。非孤独症人群决定着什么是"客观"，他们永远觉得灯光并没有很亮，某个声音并不太响，那些气味几乎察觉不到，所以并不需要做出调整或改变。而我在几十年来却被这些数不尽的感官刺激深深地折磨和伤害着。

　　如果你想要把工作场所改造得更具包容性，就一定要尽力获得主管、同事和下属的支持和理解，这很重要。在搬到我们目前工作的大厦时，我请求关闭了办公桌上方的那盏亮得吓人的灯，封闭了空调通风口，因为冷空气吹到身上的感觉会严重分散我的注意力，也会让我不舒服。我还从家里带来了一些自己喜欢的东西，比如带来愉悦触感的毛绒玩具、公仔和积木，会让我微笑的娃娃，还有粉色的办公桌配件，因为粉色是能让我快乐的颜色。虽然这样看起来可能不像大学行政管理人员的办公室，但它让我感到平静，也让我能够富有成效地工作。

　　对于我在忙了一天之后无法再参加会议和活动、我的办公室里要安装可以调节灯光明暗的开关，以及某些日子里我需要居家办公，老板都表示理解。下属们也完全接受了我需要在开会时戴墨镜、调低视频声音以及经常赤着脚在办公室里走动。我有许多可爱的同事，他们会有意识地改善工作环境，好让我觉得更舒适。我还记得自己第一次在墨尔本与一位非常资深的大学管理人员会面时，他的助理带我进屋时顺手关掉了荧光灯。那次会议非常高效。

　　拥有如此可爱的同事只会带来一个缺点，那就是我容易忘记团队之外有许多人依然缺乏对孤独症的认识和接纳，于是会在和他们交往时被震惊到。我参加过许多次痛苦的会议，甚至其中有些就是和代表孤独症权益的组织进行的会议。在这些会议上，我被迫忍受极度的感官不适，只是因为他们觉得"没那么严重"或"会议很短，一会儿就结束了"。

★★★

　　每个孤独症人士都需要拥有一个"安全空间"，这样在快要崩溃的时候，才能有个藏身之处。在这个空间里，我们可以将所有不愉快和痛苦的感官刺激拒之门外，让自己沉浸在平静中。对于不同的人来说，这个空间可能是多种多样的，就像触发我们感官体验的东西各有不同一样——但所有人都需要它。对我来说，安全空间就是我的卧室，具体而言，是我的床。在我的床上，一切都是粉红色的，这是一种能让我快乐的颜色，灯光温柔，万物宁静。重力毯和柔软的独角兽玩偶伴我左右，大儿子的伴侣还帮我围上了床帘，就像是建了一栋专属于我的房子。小儿子的安全空间是家里某个空房间中的一张沙发。

那里阳光充足，有他的毛毯、猫咪，以及笔记本电脑里的有趣视频。而对于大儿子来说，躺椅、降噪耳机和一本历史书就构成了他的安全空间。每个孤独症人士都需要在家中拥有一个这样的空间——当我们在太亮、太吵、太臭、太刺痛和太混乱的世界中接收了太多感官刺激时，便可以撤退到这里，慢慢放松和恢复。

<u>笔记</u>

—08—

停不下来的小动作

自我刺激行为

丈夫很怕我一个人出去散步，尤其是在城市里。他担心的并不是我会遇上绑匪、恐怖分子、自然灾害或其他人的丈夫一般会担心的东西。他担心的是我会被铺路石绊倒、撞到其他行人，或撞到建筑物。需要明确的一点是，他并不是偏执狂，只是从现实中得到了许多教训，因为他所担心的这些意外——我撞上人、建筑物、电线杆、路牌、树木，每隔一段时间就必定会发生。每天早上去办公室的路上，我都会走在拥挤的街道中，专注地盯着手机，回复电子邮件或者只是随便刷刷。

当我和丈夫或儿子在一起时，他们会温柔地引导我穿过迎面而来的人群，并在靠近十字路口时紧紧地抓住我的手。很长一段时间以来，我以为自己盯着手机看的原因和本世纪的许多人一样，仅仅是因为无法忍受离开互联网[①]。后来，在极少数没有手机的情况下，我发现自己会转而去抠指甲，或者扯衣服上的线头。我突然顿悟了。啊哈！原来我并不是因为看手机而撞上人，而是因为有人才玩手机。

对于像我这样内向的孤独症人士来说，没有什么比一大群正在说话、走动、赶路、吸烟的人类更可怕的了。所有这些景象、气味和声音给我带来的感官负荷是难以言喻的。我刷手机是因为它给了我一个社交上合理的理由去摆弄点东西，这有助于我应对超负荷的感官体验，让我在上班时不会完全精疲力尽。大多数孤独症人士将这种行为称作"自我刺激"。

有一天，我做了一个实验。我把手机放进了背包里，并在衣服口袋里装了一堆自己喜欢摆弄的小东西：每个口袋里都有一个玩偶公仔，左边口袋里还有一根绳子，右边口袋里则是一块金属拼图。我走在上班的路上，开心地摆弄着这些东西，完全没有想到要玩手机，并且，我还在绝大多数时间里都能认真看路了。

我宣布，我现在是一个经过认证的安全行人了。尽管对我而言，看自己的脚仍然比看着朝我走来的面孔更容易，但是口袋里的那些朋友可以让我平静下来，帮助我冷静地穿过人群，而不是走到充满危险的机动车道上去。

---

① 这句话一开始的版本是"我们都以为……"，而不是"我以为……"，但大儿子纠正了我。他说，家里的其他人并没有做出这种错误的假设。

许多孤独症人士用自我刺激行为来应对焦虑、沮丧、超负荷的感官体验、无聊以及其他各种负面情绪和感觉。在包括我儿子在内的孤独症儿童身上，我看到过一些更明显的自我刺激行为，如拍手、摇摆、转圈、敲打东西等。我了解了这些行为的功能，但是，一开始我并没有将它们与我自己的行为联系起来。

我在很小的时候就意识到，我会自然而然地开始做一些让自己感到舒服的事情，而这些行为会让其他人感到不舒服。或许它们确实有些烦人，但人们讨厌它们的原因通常是因为这些行为"不正常"。

小时候，当我专注于某件事时，会发出一些细微的声音。我无法确切地描述它们，因为我虽然发出了声音，但自己并没有听到，应该就像是微弱的"嗯嗯"声，或者类似呼气那样的声音吧。我并没有注意到自己会发出这些声音，但父母显然注意到了。当我坐在那里阅读、思考或专注地做一件事的时候，就会有人来告诉我："你又发出声音了。"我会试着继续做事，努力不发出声音，但这意味着我95%的大脑都在专注于压抑自己，只剩下了5%用于活动。最后，我终于不再发出声音了，至少是认为自己做到了，但我会在之后的很长时间里都沉浸在高度的焦虑感之中。

我还有许多其他行为，虽然并不会打扰到别人，但还是会被他们看作不太正常。直到今天，每当我感到压力或焦虑时，就会开始数身边的东西，或者一一说出它们的名字。我记得小时候，家里卫生间的地砖上有着繁复的图案。对我来说，这些图形是我脑海中虚构出的安全世界中的小动物。在这个世界里，我可以数它们，说出它们的名字。因为它们都在正确的位置上，所以我便安心了。但对于门另一边的家人来说，它们仅仅是瓷砖而已。当我独自坐在卫生间里与它们相处时，没过多久就会有家人在外面问："你在和谁说话？"或者："你到底还要在里面待多久？"我从来没有告诉过任何人自己在和谁说话；那时我已经明白，自己必须保持谨慎。

我记得妈妈买的床单上有一种佩斯利涡旋纹印花。那是一种多么令人愉悦的图案啊！我可以根据每个小旋涡的大小和方向对它们进行计数、命名和分组，而且最重要的是，这个游戏是专属于我的小秘密。我至今依然记得很清楚，家里一共有三套这样的床单：一套蓝色的，一套淡紫色的，一套黄色的。如丁香花般的淡紫色那套是我的最爱，但即使是令我讨厌的黄色那套里也存在着一个安全有序的幻想微观世界。

最后，我还有一些行为被认为是"正常"但"不恰当"的。也就是说，从某种意义上讲，所有的孩子都有可能在某些时候做出这样的行为，但这么做或许不太礼貌，比如我会抠皮肤、咬指甲或者绕头发。我不明白为什么人们讨厌这些小动作，但事实就是如此。

需要指出的是，在我的整个童年时期，都不知道自己患有孤独症，我只是觉得自己很奇怪，可能有某种缺陷。同样，父母也不知道我患有孤独症。考虑到当时的社会环境对孤独症的了解极其有限，我的父母不太可能会想到这点，更不可能带我去进行诊断。他们做了大多数父母会做的事情——试图确保我看起来是"正常"的。不得不说，其中一些教育确实让我的生活变得轻松了。比如，作为一个成年人，我终于意识到自己习惯发出的噪声会干扰到周围的人。我的确应该克制住自己，不然的话，与我共用办公室的其他人会被我发出的声音折磨到疯掉。我想，在教育我的过程中，父母并没有意识到消除或者教我隐藏怪习惯会对我的心理健康和身份认同感产生负面影响。

　　作为一个未被确诊的孤独症人士，我会在公共场合戴上"面具"，把自己表现为一个有能力、运转良好、"正常"的人，隐藏怪癖也属于这个面具的一部分。但这样做并不会消除我的内在需要，我只是找到了隐藏或压抑它们的方法，并且让自己相信"这些行为很不好，我必须确保人们不会发现我的短处"。我不再大声数数或对物品进行分类，而是学会了在脑海中悄悄地这样做。

　　比如，我会在脑海中一遍又一遍地重复数一个句子中有几个音节。当然，每次数出来的数字都是一样的，这些相同的结果让我安心。直至今日，当我感到压力或焦虑时，仍然会在心里默念一系列固定的短语和对话。如果哪一天我的心情非常糟糕，或者工作很繁重，我会在回家之后去厨房里走几圈，同时一遍又一遍地自言自语："你见过我丈夫吗？"我也不明白为什么我会不断重复这个问题，毕竟我很清楚地知道，房间里只有我一个人，而且刚刚我也看见丈夫了。但不管怎样，重复这句话会降低我的焦虑水平。如此循环几分钟后，我便可以去喝杯茶，终于平静下来了 ①。

我偷偷用手指玩数数游戏，一遍又一遍地数出不同组合的单词或数字，用这些别人无法发现的秘密活动来取代显眼的摇晃身体、拍手或敲打东西。随着年龄的增长，我还发现了一些符合社会规范的爱好，这些爱好像重复行为一样可以给我带来舒缓的感觉。织毛衣成了我的救命稻草！织毛衣是重复行为的终极体现，它既被社会所接受，又能有大量的产出——就这样，我的橱柜里塞满了针织毯子、开衫、围巾、婴儿服装（尽管家里已经20多年没有新生儿了）和给娃娃穿的衣服。不幸的是，对我来说，把织好的各片布料缝起来这一行为无法起到同样的镇定作用，所以，我的手里剩下了大量等待组装的零件。事情不仅仅是我喜欢织毛衣这么简单：我深切地需要它。在一个紧张的工作日后，织几个小时的毛衣可以帮我放松，平息脑海中飞速运转的思绪。如果出于某种原因，我暂时不能织毛衣，焦虑程度便会持续增加。在出差的时候，我总是随身携带着编织工具包，因为那是我重新调整自己的唯一方式。我甚至在随时随地的编织活动中发现了一些小窍门，比如儿童剪刀足够锋利，可以剪断毛线，又可以通过机场安检。

---

① 网络的一大优点就是可以让我接触到其他孤独症群体。当有人在网上问"你会做某某事吗"时，几乎总有600多人立即回复"会"，并开始描述自己的类似经历。我喜欢这种看到别人和我一样的安心感。很多人重复的短语似乎和我一样随意，例如"小心站台之间的空隙""不喜欢，不想""我喜欢奶酪"。

我学会了在众人面前强行压抑自己的冲动，隐藏"不当"行为，直到独自一人在房间里时才得以放松。在艰难的探索中，我还发现了哪些行为是最难隐藏的。我曾经毫无顾忌地在黑暗的卧室里反反复复地梳头和卷发，直到梳子缠在了头发上。我惊慌失措，试图把它弄下来，结果却越发搞得一团糟。最后，我不得不去向父母求救，让他们帮我把梳子弄下来。我还发现，我可以在没人的地方随便抠指甲，但乱七八糟的指甲最终还是会被别人发现，所以抠脚指甲是个更好的选择。现在我仍然会在有压力时这样做，因此我的脚指甲一直很短，而且经常流血，一走路就疼。有的时候，我真的很焦虑，但还穿着鞋袜，想要抠指甲的冲动会深深地淹没我。于是，我经常揣着满口袋的碎指甲离开会议室。

随着对孤独症的了解越来越多，我意识到，我的这些"古怪习惯"并不是需要根除的失调行为，恰恰相反，它们是帮助我应对感官超负荷和压力的功能性行为。我还发现，丈夫早在很久之前就发现了这一点。显然，我隐藏得并没有自己想象中那么完美，丈夫和儿子都知道我的自我刺激行为和它们的作用。我猜，这是因为相比其他地方，我在他们身边时最放松，可以更自在地做自己，所以我在家里摘下了面具。

作为孤独症人士，我们需要了解自己的自我刺激行为。同样，普通人也需要明白自我刺激行为对孤独症群体的作用。自我刺激可以帮助我们调节感官输入，让我们对不可预测的外部环境产生一点点的控制感。我们会通过自我刺激行为表达快乐或兴奋，也会以此应对悲伤和焦虑。

自我刺激还有一个真正重要的功能，那就是通过调节感官输入使我们更容易专注于需要做的事情。尽管这一点似乎同普通人群，尤其是那些掌握权力的人的直觉相悖，例如父母、老师和老板。我想说，如果我在有人跟我说话时在记事本上涂鸦，或者玩指尖陀螺，这并不意味着我没有在认真听；事实正相反，这意味着我正在利用自我刺激行为来减少来自灯光、气味、背景噪声、衬衫上的标签等对我的干扰，这样我才可以将注意力集中在听对方说话上。

真正理解了自我刺激对情绪和身体健康的重要性之后，至少在家里，我开始让身体以一种自然的方式做出反应，而不是不断地抑制冲动。所以现在，在感到焦虑或激动时，我允许自己坐立不安、来回摇晃、轻轻抖腿、摆弄毛绒玩偶，也允许自己不停地唱歌跳舞、重复随机的短语、在摇椅上摇摆、用脚打拍子。兴奋时，我允许自己挥舞双手；感到压力时，我允许自己蜷缩在地毯和柔软的河马玩具身上。我越是允许自己"融入"孤独症，允许自己表现得自然，就越平静和快乐。

我仍然会用嘴发出那些奇怪的小声音，但我并不知道，到底是因为自己放松之后重新捡起了这个怪习惯，还是其实从未戒掉它，只是以为自己戒掉了。只有当丈夫对此发表评论时，我才意识到自己又在这么做了。不过，他没有说"别再发出那种声音了"，他说的是："我喜欢你发出这些声音。因为我知道那是你表达快乐的方式，就像一只猫在咕噜咕噜地叫。"

我仍然会在工作或外出购物时隐藏大部分的自我刺激行为，因为这个社会目前尚不允许孤独症人士自由地做自己，不受到外界的评判和羞辱。但我知道，在回到家以后，我是可以放松和休息的。

★★★

每个人的工作环境不同。或许，在你工作的地方，很难找到一种能够被旁人接受的自我刺激方式。但我也知道，如果你因此强迫自己的身体保持静止，那么压抑冲动会耗尽你的全部精力。我们这些拥有一个可以撤退的安全空间，拥有一个安静的房间或有门的办公室的人，会在大部分时间里深深地压抑着自己，充满紧张，直到终于逃回到属于自己的安静之所。而那些在开放式办公室、商店或公共场所工作的人，则可能不得不在回家之前一直苦苦压抑自己，就像一个即将爆炸的汽水瓶。这两种选择都是不健康的，因为压抑自我刺激行为需要巨大的能量，这样很可能会令你没有足够的精力专注于应该做的事情，也无法与人交谈。好在我工作的大学里为孤独症学生设立了专门的感官室——房间里灯光昏暗，配备了舒适的椅子和一系列可以提供安抚感的玩具。我为学校的这一举措深感自豪。

我最喜欢的季节是冬天，原因有很多，比如——冬天的衣服会有很多口袋！在冬天，我们会穿大衣或者宽松的夹克。我外套的口袋里总是装着一两个玩偶公仔，还有一张空的药片包装铝箔，一侧是光滑的气泡，另一侧的边缘是锋利的，此外还有指尖陀螺以及我随机收集的各种别针。如果是在夏季，这些可以帮我应对焦虑的小宝藏便无处安放了。

只有唯一一次，我的小宝藏带来了麻烦。有一天，我去参加一场研讨会，演讲者请所有人都把口袋里的东西掏出来。她是想借此说明，技术已经占据了我们的生活——因为我们的口袋里都装着手机、信用卡和办公楼的门卡，而不是现金和钥匙，如此等等。当她走到我面前，看到摆在我桌子上的一小堆杂物时，她一时无语了。

大多数患有孤独症的成年人都会通过"隐形刺激行为"（例如悄悄收紧和松开脚趾）或"半可见刺激行为"（例如在椅子上扭来扭去）来帮助自己在一天之中舒缓情绪。我发现的另一个诀窍是，可以收集一些即使是普通人也会忍不住摆弄的小东西。比如，有一次我把一堆磁铁拼图带进了办公室，在开会时把玩。大家一开始都奇怪地看着我，但不久之后，我发现他们也纷纷开始一边说话一边用拼图搭建出一些对称的模型，以此来保持专注。

以下是一些我所使用的自我刺激行为，以及一些我从其他孤独症人士那里了解到的行为。如果有需要的话，你也可以在办公室里做做看。

- 脚趾抠地
- 搓手
- 双脚互相搓
- 把指甲抠进皮肤里
- 掐自己

- 玩头发
- 抠手指甲
- 咬手指上的死皮
- 咬手指甲
- 玩书页的边缘
- 弹空气钢琴
- 抖腿
- 抓着一团纸，或者撕纸
- 拧衣服的袖口或下摆
- 咬嘴唇
- 在脑海中给事物排序
- 反复抓紧拳头再放松
- 咬口腔两侧的肉
- 咬嘴唇上的死皮
- 涂鸦
- 在口袋里反复把某个东西打开再关上
- 玩首饰
- 憋气
- 悄悄玩手机
- 嚼口香糖

如果你有独立的办公室或者安静的私人办公空间，下面是一些合适的选择：

- 搓柔软的布
- 跳舞

- 唱歌

- 发出一些噪声

- 重复句子

- 在椅子上转圈

- 把纸团成一团

- 玩指尖陀螺或者柔软的玩具

- 把头发编成小辫再解开

- 重复听一首歌

- 看泡泡、沙漏，或其他会缓慢移动的物体

- 咬衣服

- 挠头

- 给自己盖上重力毯，缩成一团

- 前后晃，或者左右摇摆

最后，还有一些创造性的选择：

- 给植物除草
- 编织
- 拼拼图
- 弹钢琴
- 整理书籍、唱片等
- 整理架子上的东西

笔记

—09—

对不起，我沉迷了

特殊兴趣

我小时候收集过邮票。是什么让我这么喜欢邮票呢？

因为我可以按照发行国家对它们进行分类和整理，而且，每个国家的邮票还可以按发行年份分组。邮票经常是成套的——一组邮票往往是基于某一个主题的一系列图片，每张都有不同的货币价值。我会把整套邮票小心地放进集邮册里，把它们按照面值从低到高排列。如果某个系列不完整，我会设法购买补齐，或者与其他收藏家交换相应的邮票——但我并不是特别喜欢这么做。

我还收集书籍，这一爱好延续至今。书籍比邮票更好，因为它们有着双重用途。书籍和邮票一样可以分类整理：按流派、作者、出版年份。此外，书也像邮票一样会成套售卖——不过不是像邮票那样同时发行，而是按照预先确定的顺序——上架，当然也要按照这个顺序阅读。书中还有各种各样的知识、观点、图画。读书就像一场冒险之旅。

尽管我是一个狂热的读者，但我从未喜欢过电子书。因为我喜欢在阅读时感受一本书拿在手里的重量、翻动书页时的感觉，以及读完后把书籍按照正确顺序整齐排列的满足感。每当看到我的阿加莎·克里斯蒂全套小说时，我便心神荡漾。直至今日，每当我踏足一家书店，仍会努力搜寻我的伍德豪斯系列中缺失的那几本。

作为一个孩子，集邮是一项可以得到社会认可的爱好，因为我出生在大家仍会互相写信的年代，那也是一个所有人都会集邮的时代。而作为一个成年人，集邮仍然是一项可以接受的、虽然不那么普遍了但在社会上也算不上另类的爱好。至于读书，不仅被当时和现在的社会接受，还能得到赞许：博览群书的人是安静、聪明和独立的。

当我还是个孩子的时候，对蜗牛也很感兴趣。蜗牛有条不紊的动作和可预测的行为令我着迷，更不用说蜗牛壳上多种多样的图案了。我确实尝试过收集蜗牛。经过一系列研究之后，我为蜗牛精心设计了一个合适的住所——一组相互连接的巧克力牛奶纸盒，里面备有新鲜的草和饮用水。然而遗憾的是，收集蜗牛并不像集邮和阅读一样被社会所接受，更别提我还与不喜欢蜗牛的姐姐同住一间卧室了。

孤独症人士通常拥有强烈而持久的兴趣，而且兴趣面往往相当狭窄。精神病学家将其描述为"高度受限的、固定的兴趣，其强度和专注度是异常的（例如，对不寻常物体的强烈依恋或先占观念、过度的局限或持续的兴趣）"。许多父母和健康专家将这些兴趣描述为"痴迷"，但孤独症人士通常将其称为特殊兴趣或"SPIN"（Special Interests）。

爱好：个体在常规职业之外的追求，特别是为了放松。"她的爱好是阅读和园艺。"

兴趣：一种伴随某事或某人出现，或能引起特别注意的感觉。"他们只对足球、饮料和汽车感兴趣。"

痴迷：对不合理的想法或感觉的持久、干扰性的关注。"他陷入了一种无法抗拒的痴迷之中。"

——韦氏词典

我认为柯林斯英语词典对"痴迷"的定义最佳：

名词：持续的、强行闯入意识的想法或冲动，通常同焦虑及精神疾病有关。

可变名词：如果你说一个人对某人或某事痴迷，隐含之意是他花费了过多时间对其进行思考。

我并不是说应该放任那些对个体有害的痴迷。比如，如果一个人痴迷于火或刀，并且在这一过程中伤害了自己或他人，这种痴迷便是有害的。我的建议是，在决定你或你所爱的人的特殊兴趣是否有害之前，请先问三个问题：第一，这一兴趣是否会阻碍正常生活（对饮食、卫生或健康有无影响）？第二，这一兴趣对身体或心理是否具有潜在危害？第三，请问问那些希望当事人戒掉这个兴趣的人，如果这是他们自己的兴趣，他们还会觉得需要戒掉吗？

在我的各种特殊兴趣里，有一项众人皆知，那就是做研究。多年来，我一直致力于研究酒类营销及其对儿童和青少年的影响。我阅读了自己能找到的每一篇文献，订阅了各类期刊，并仔细阅读了每一期的内容。我订阅行业新闻，参加会议，收集相关的书籍，并把它们从头到尾都读了一遍。在2009—2018年这10年间，我发表了62篇关于酒类营销的期刊论文和5篇评论文章，撰写了相关书籍中的3章，做了80多场公开演讲，并获得了超过350万美元的研究经费。我还在癌症筛查和预防的社会营销领域进行过研究，在出版物和资金方面也取得了类似的成果。根据大多数人的定义，我的研究是一项"富有成效"的特殊兴趣，是一种被人们尊重和重视的兴趣，因此，这种兴趣往往不会被视为痴迷。这是许多孤独症人士的强大优势之一：我们对知识的渴望，我们深深投入自己热爱的事物的能力，可以让我们成为优秀的学生、研究者和公司员工。

像许多孤独症学者一样，我在科研领域最大的特殊兴趣就是孤独症——特别是对孤独症人士生活经历的研究。多年来，我一直试图抵抗这一研究领域对自己的吸引力，因为我有两个孤独症的孩子，所以我与这个话题"太近"了，潜在的偏见可能有损工作质量。然而，我读到的"孤独症研究"越多，就越是发现孤独症亲历人士在其中的缺席，并越发对此感到失望。在这一过程中，我逐渐意识到，作为一名研究者，孤独症是我的优势而非限制。于是，我成了一名非常活跃的"患有孤独症的孤独症研究者"，并且非常享受与其他同样拥有科研特殊兴趣的孤独症人士一起工作。我的终极梦想是成立一家由孤独症人士组成的孤独症研究中心，旨在从根本上提高社会对孤独症人士的接纳。现在我只需要中一次彩票给我带来启动资金啦！

大多数了解我的专业的人，都知道我有科研方面的特殊兴趣，但很少有人知道我还有其他许多对于一个 50 多岁的教授来说并不"正常"的兴趣爱好。我喜欢织毛衣（见第 8 章），也喜欢收集毛线。毛线柔软、美观，我还可以按照不同的颜色、股数、成分为它们分类。我总是情不自禁地驻足于商店门前，并在"随便看看"后抱着一堆新买的毛线心满意足地离开。丈夫知道，在我心情不好的时候，最有效的安慰方式就是提议："你想去百宝商吗？还是林克拉夫特？① 还是都去？"我的毛线球堆积如山。如果我从今天下午开始日夜不停地编织，不需要吃饭、睡觉或工作，那么到我 207 岁的时候才能把所有的毛线织完。尽管我知道自己永远没法用完囤积的毛线，但仅仅是拥有它们、看着它们，

---

① 两者都是澳大利亚的连锁手工材料商店。——译注

就会给我带来极大的幸福与快乐。

　　还有一种我深深爱着的事物，那便是洋娃娃。多年来，我总是用充满渴望的神情凝视着玩具店里的洋娃娃，想象自己会为孩子们买上几百个。可惜的是，我只有两个对洋娃娃不感兴趣的儿子，所以我只好开始想象为孙辈买洋娃娃了。有一天，丈夫问我："为什么非要等一个理由呢？既然你这么喜欢洋娃娃，就应该买给自己。"于是，我买了第一个洋娃娃，然后又买了第二个、第三个……现在，我已经有好几百个娃娃了。有些人觉得我买得太多，而且占用了太多空间。有一次，我想问问丈夫的意见。

　　我：　你觉得我的娃娃太多了吗？

　　丈夫：没有呀。

　　我：　你确定吗？

　　丈夫：如果觉得你买太多了，我会告诉你的。

　　我：　你怎么知道什么情况是太多了呢？

　　丈夫：如果有一天邮递员送来包裹的时候，你不再为此激动了，那就是
　　　　　太多了。

　　于是，从那天起，我的洋娃娃收藏又翻了一番。是的，因为我仍然会因邮递员的到来而欢呼雀跃。

　　洋娃娃有什么好呢？首先，它们很迷人，让我感到很快乐。没有什

么比早上醒来看到一排笑脸，或者结束一天辛苦的工作回到家后，看到一大群穿着粉红色连衣裙的漂亮生物更好的了——要知道粉红色是我的主题色。就像邮票和书籍一样，我可以按时代、风格、设计师、尺寸等分组整理洋娃娃。我会仔细记下每个娃娃的设计师、来源、购买日期、价格、包装等，并依次为它们编目。还是像邮票和书籍一样，娃娃们一般会成套售卖，我会搜索缺失的特定人物或版本、某个娃娃的一只鞋子或配饰，这能带给我寻宝的乐趣和凑齐一整套的兴奋感。此外，相比邮票和书籍，娃娃们还拥有两个额外的优势：第一，我可以为它们织衣服；第二，我可以给它们摆姿势拍照，创造一个幻想世界，在其中创作各种各样的情节，重现生活故事，并书写一个比现实更好的结局。

读到这里，或许有些人会批评说，我在工作之外的这些特殊兴趣，比如织毛衣、读小说、收集洋娃娃等，不算是生产力，而且还影响了我在其他领域发挥价值。但我相信，事实恰恰相反：正是因为我能够让自己沉浸在这些热爱的事物中，由此获得了能量和专注，所以才得以在感兴趣的工作领域取得成就。对于孤独症人士来说，虽然不知情者将其称作"痴迷"，但我们的特殊兴趣有着非常重要的作用。这些特殊兴趣在功能上与普通人的"爱好"没有太大区别，只不过孤独症人士会投入更多，而且我相信，这些兴趣对我们的健康和幸福至关重要。

还有一点，那就是当我们在社交互动中不知道如何开始或继续时，这些浓厚的兴趣爱好也可以为我们提供一个开启对话的主题以及一个可以躲避的安全空间。例如，我们可以加入俱乐部或相关的网络团体，与志同道合的人相伴，获得价值感和归属感。此外，特殊兴趣还可以帮助我们与圈子之外的人社交，只要他们愿意花时间了解这些爱好对我们的意义。我经常问丈夫和两个儿子，哪件衣服更适合某个洋娃娃，哪些娃娃应该摆在哪些柜子里，以及其他一些对洋娃娃不感兴趣的人通常不会关心的事情。小儿子也经常和家里人谈论他的特殊兴趣——结果就是，他的祖母对变形金刚的了解很可能比养老社区里的其他所有人加起来还要多。我还发现，自己对洋娃娃的热爱同儿子对变形金刚的热爱之间存在相通之处。比如说，材料更便宜了、关节咬合更差了等产品质量下降的问题，让我们结成了一致战线。

世界是一个疯狂、忙碌、嘈杂、混乱的地方，充满了孤独症人士无法完全理解的社会准则和规范。对于许多孤独症人士来说，我们必须在大门外的世界里隐藏自己的特质，这样才能成功融入，被他人所接受。投入自己的特殊兴趣之中，可以帮助我们放松和减压，让我们的思想完全沉浸在自己熟悉和喜爱的事物中。特殊兴趣还可以带来一种结构感和秩序感，让我们感受到一切事物都有其应有的位置，愉快而清晰地体验到什么是正确的、什么是错误的。只有在这里，我们才觉得自己的生活是可控的。

笔记

—10—

变化什么的最讨厌了

习惯和日常仪式

我的每个工作日都被社交互动、复杂的问题、意外事件和需要做出的决定塞得满满当当。于是，我从早上进入办公室的那一刻起就开始期待午餐时间。对我来说，午餐真是太好了，因为它很安全，且时间固定。在这件事上，我无须做出什么重大的决定，也不会因为做出错误决定而遭受任何意料之外的后果。

在我的办公室尚处于中央商务区时，拐角处有一家售卖美味沙拉的商店。他们家的沙拉可以满足我所有的饮食需求（见第5章）。店里一共有三种我喜欢的沙拉，如果某一种卖完了，我还可以有另外两种选择。午餐是我在一天里的高光时刻。再次说明，因为它是安全的，而且时间固定。不过，我也有可能遇上一些可怕的日子——谢天谢地这种日子很少见。有时，我会因为某个会议脱不开身，等赶到那家店的时候，我喜欢的三种沙拉全都卖光了，我便只能饿着了。

后来，我们搬到了东墨尔本的一座新办公楼里。在搬迁后，我最大的担心就是"午餐吃什么"。我检索了当地所有的餐馆，却遍寻不到我的宝贝沙拉。于是，搬到新办公室的第一个月里，每天午休时间我都会步行回到曾经的沙拉店，买沙拉带回办公室吃，一来一回需要足足40分钟。直到有一天，我摔断了脚趾，失去了这么做的可能性。于是，我不得不鼓起勇气走进了办公楼隔壁的咖啡馆。值得庆幸的是，那时是冬天，咖啡馆里已经换上了冬季菜单。新菜单上的鸡肉玉米汤给了我一丝希望。我查看了配料表，并没有发现什么值得警惕的东西，于是大胆地点了菜："我要一份鸡肉玉米汤，配无麸质吐司，不加黄油。"那顿午餐很美味。于是，在接下来的三个月里，午餐时间再次成为我的"快乐空间"。再次说明，因为它是安全的、固定的。

后来有一天，不幸再次找上了我。那天我如往常一般在午餐时间来到咖啡馆，走到柜台前说："我要一份鸡肉玉米汤，配无麸质吐司，不加黄油。"得到的回应却是，没有汤了。因为那时候已经是春天了，也就是说从现在起一直到冬天，菜单上都不会有我爱的汤。那天我没吃成午餐。不过幸运的是，我的脚趾已经痊愈了，第二天我就又能步行去沙拉店啦！

我会关注社交媒体上的孤独症群体。我发现，其实自己的许多习惯和仪式在孤独症群体中很常见，而在普通人中却并非如此。

我曾经认为，某些怪习惯只有我才有，它们都是我的古怪和不完整的明证。所以，当发现其他人也有同样的习惯时，我大大地松了一口气。与此相反的是，还有一些习惯是我认为每个人都有的，后来才惊讶地发现它们并不能算是标准的人类行为。

比如，我一直均衡地用两侧牙齿咀嚼所有食物，无论是吃正餐还是嚼一把花生。也就是说，我会用左边的牙齿咀嚼第一块，用右边的牙齿咀嚼第二块，重复这个循环，直到把食物全部吃完。我必须这样做，就像如果要吸气就必须呼气一样。而且，每一块食物的材质和大小都必须是相同的。例如，当我准备点心时，会自动选择偶数份。如果盒子里有 25 块饼干，我会把其中的 24 块放在盘子里，扔掉最后一块。在吃饭时，我会确保由自己来选择或切块，以便每种食物的数量始终是偶数，比方说 6 块胡萝卜和 8 块土豆。这个习惯不会造成任何社交上的尴尬，这可能也是我活到 50 岁才意识到它并非一个普遍需求的原因。

有时，这个习惯会显得我很慷慨：在我吃巧克力的时候，如果一共有三块，我会只吃两块，把第三块留给丈夫。而在其他时候，这也是一个让我看起来很自私的习惯：因为如果一共只有两块巧克力，我就得把它们都吃掉，并暗自希望丈夫不要看到。这个习惯唯一一次给我带来麻烦是在做牙科手术的时候。牙医给了我一系列口腔护理建议，其中包括"接下来的一两天不要用左侧牙齿咀嚼"。对他来说，这只是一个简单的要求，但对我来说，这意味着接下来两天我都没法吃饭了。我真的很饿，但因为现在只能用一侧咀嚼，于是我的身体便阻止我进食任何东西。

有一天，我正在浏览一个孤独症小组的帖子，有人说自己只能吃偶数块的食物，有几个人回复"我也是"，还举例说明了其他一些饮食习惯。我快速询问了家人和几个朋友，当然只是那几个对我随机提出的问题见怪不怪的人。听到我的问题后，他们中的大多数人都用奇怪的眼神看着我，好像我在问他们是不是有三只手。他们不明白这个问题是什么意思。显然，大多数人在吃东西的时候只是单纯吃东西，根本不会考虑要用哪一边的牙齿咀嚼。很奇怪吧？我的意思并不是所有孤独症人士都有和我的一样的习惯，我的两个孤独症儿子同样对这一问题感到困惑。但是，与其他孤独症人士互动的乐趣就在于，他们会立即理解为什么我需要遵循这样的仪式，以及如果我不能这样做会有多么痛苦。

进食仪式能给生活带来一种可控感，让我感到一切尽在掌握。这对于身处一个似乎无法控制的世界的我而言非常重要。我在关于孤独症的网页上看到，这种仪式也被称为"安全食品"。早上，我会吃牛奶麦片，配上一杯英式早餐茶。在很长一段时间里，我都在吃"格兰诺拉"，这是一种美国生产的麦片，它可以满足我在医疗和感官层面上的所有饮食需求，而且能直接在澳大利亚通过网购买到。我甚至大胆地尝试轮番食用三种不同的口味。实际上，买这种麦片所需的邮费比麦片本身还贵，但我觉得很值得，因为这确保了麦片的味道不会改变。后来，这个品牌居然停止出口澳大利亚了！万幸的是，我们附近的超市大约在同一时间添置了一些无麸质食品。目前，我在吃混合的澳菲顿牌麦片，里面一半是松脆颗粒，一半是纯麦片。

生活中不可控的事情越多，我的日常仪式就越显得至关重要，因为这样我才不会觉得世界即将分崩离析。出差时，我入住酒店后的第一件事就是去最近的超市买上一盒我的"专属"麦片和"专属"牛奶。我每晚都会使用外卖应用点一份完全相同的餐，以此避免前往不可控且嘈杂的酒店餐厅。我知道大多数人都会借出差的机会尝试新餐馆。我之所以了解这一点，是因为财务总监告诉我，她完全可以在我出发之前就提前报销我的差旅费，因为每一次我的发票都一模一样。

在疫情封控期间，我在日益疯狂的世界里日复一日地吃着同样的晚餐——即食鸡肉玉米汤。我知道，读到这里的你可能已经不会为我的选择感到惊讶了。

★★★

日常仪式可以缓解我的工作压力。比如，每个工作日的早上，我都会在同一时间醒来，然后去洗澡，肥皂当然一直是同一种。每周一和周四是洗头的日子。然后，我会把衣服穿好，但先不穿最外层的裙子或衬衫，而是罩上睡袍①。接下来，我开始吃固定的早餐，喝固定的茶。

---

① 这样我就不必在把早饭弄洒之后再换一身新衣服了。

吃完后，我会去刷牙，然后穿好衣服。在出发前，我会例行查看电子邮件，确认工作中没有发生预料之外的情况。等到了出发的时间，我便按照固定的路线上班，总是以固定的顺序过十字路口，哪怕这意味着我必须等待更长的时间，因为有时候刚好另一边是绿灯。尽管强迫症在孤独症人群中很常见，但我并没有强迫症，因为我很喜欢在喝茶时更换各种各样的茶杯，只要不是太小的杯子就行，而且我的橱柜里杂乱无章，家里也一点都不整洁。我只不过是喜欢把一切都掌握在预料之内。我想确保自己知道下一秒会发生什么。这也是为什么我会沉迷于拼图游戏和虚构的侦探故事——因为所有的拼图都会成为最终图案的一部分，而故事里的侦探总是能成功破案。

下班后，我会看电视来排解工作压力——你可能以为我会看学术纪录片，但我看的并不是什么信息丰富的教育片，而是一些人所说的"无脑片"。如果是和丈夫一起，我们会选择虚构类的刑侦剧或喜剧，比如《重任在肩》（*Line of Duty*）、《警察世家》（*Blue Bloods*）、《傲骨之战》（*The Good Fight*）。我从来不看真实的犯罪节目——如果看到现实生活中真实的坏事，我会觉得现实世界太可怕了，所以我搞不懂这种节目有什么娱乐性。如果是和小儿子一起，我们会看经典老片，比如《女作家与谋杀案》（*Murder She Wrote*）、《神探阿蒙》（*Monk*）。如果只有我一个人，我会选择面向青少年的电视节目和医疗剧，比如《吉尔莫女孩》（*Gilmore Girls*）、《音乐之乡》（*Nashville*）、《黑色警报》（*Code Black*）。无论是和家人一起或者自己一个人，我总是会一口气"狂刷"一部电视剧，从第一集看到最后一集，一般会花上几周的时间，有时候是看 DVD 版，有时候是在网上看。每天我都需要看上两集才能上床睡觉。有时候我会看两集以上，但绝对不能少于两集。这是我的"需要"，我最少需要两集电视剧才能把自己的头脑从工作状态切换到能够入睡的放松状态。这个需求在大部分时间里不会带来什么问题，我总是按部就班地执行自己的时间表。但是，有的时候我会看到很晚才能上床睡觉。比方说，如果我晚上要开会或者有额外的工作，可能要晚上 9 点多才到家，但我仍然必须看两集当下在追的电视剧再睡觉。

如果某些事情打破了我的日常仪式，就会发生令人头疼的问题。常见的问题是早会，或者最可怕的——"早餐会"。类似的意外会一下子把那么多的未知数抛向我：我要怎么才能找到那间会议室？他们会提供什么样的食物？还有那么多需要做的决定：我还没吃饭，所以去之前需要刷牙吗？我该穿什么？如果我把食物洒在衣服上，会不会很明显？以及，我不得不对自己的日常仪式进行一系列不合逻辑的更改：我没时间在出门前喝茶了！我也没有时间在出发前查看电子邮件了！如果意外出现在晚上，可能会是停电、突然断网、家人打来的长途电话或家里来了客人，不过最后一项并不常见。当这样的意外出现时，我在整个白天积累的烦躁情绪并不会随着观看电视剧而悄悄地消散，而是留滞在身体里，默默累积。于是第二天早上醒来时，我便会感到加倍的疲惫和烦躁。

我的许多活动中都包含着各种各样的仪式。一项活动越是不可预测，越是引起焦虑，那么我要遵循的常规仪式就越重要。比如，当我在超市结账时，必须按特定顺序扫描推车里的物品：先扫冷冻食品；然后是冷藏食品；之后是罐头和瓶装、盒装物品，如麦片和纸巾；小的袋装食品，如饼干和面条；最后是水果、蔬菜、面包以及烘焙产品。所以，如果丈夫帮我清空了推车，我就会很生气，因为他没有按照我的顺序把东西放在收银台上。如果他已经先我一步开始把东西从推车里拿出来，我就会转头浏览货架上的杂志，这样就不必眼睁睁地看着秩序失控了。

大儿子有着和我一样的购物习惯。我们都知道"正确"的顺序是什么，所以可以顺利完成结账流程。然而，小儿子的方法则完全不同。据我所知，他的逻辑是按照对商品的喜欢程度从高到低进行结算，因此他最喜欢的食物总是排在第一位。不过，他和我一样对灯光、声音以及人非常敏感，经常会在购物期间就感觉受不了了，不得不中途离开超市。所以，当一家人一起购物时，我和小儿子通常会留在车里等着。丈夫发现，给我们买东西是一项非常简单的任务，因为我们每次想要的商品都是完全固定的。

除非是绝对必要的情况，否则我会尽量避免独自前往超市。但自己去超市时，我会从第一条过道的一端开始，按数字顺序穿过每条过道。

我尽量在同一家超市购物，这样每条过道都会处在它应该在的位置上。一旦超市里商品的位置做了调整，我就会非常烦躁。不过，当我和丈夫在一起时，我可以像蝴蝶一样飞来飞去，辗转于文具和特价商品之间。因为我知道，一旦找到了想买的东西，我便可以退到他身后两步的安全空间里。丈夫很高，找到他很容易，这也是他的优点之一。

有时，我执行日常仪式的需求会与其他人的自发性需求产生冲突。比如，如果丈夫在周二那天说，"我们周日9点去超市吧"，那么我就会在周日早上9点准备好。我会穿好衣服，收拾好行囊，然后开始等待。我会在9：05开始烦躁，在9：10感受到巨大的压力，9：15时，我已经像一根被压缩到极限的弹簧了。也就是说，当丈夫在上午9点半带着愉快的微笑问我："你准备好了吗？"我会立即爆炸。

与之相反的情况是，如果丈夫在大家都在家里放松的时候提议："我们开车去商店看看鞋子吧。"我和儿子们往往会异口同声地拒绝："不，谢谢！"当然，这并不是因为我们不想看鞋子。哪怕丈夫说的是"我们去看看巧克力吧"，我们还是会拒绝的。因为没有出去的计划，所以我们不会想到要出去，出门这件事对我们的日程来说是一个突然的变化。一般来说，我们家的孤独症成员会对某个提议进行一段时间的思考和讨论，然后再决定是不是要去。其实，我们只是需要一些时间来把日程计划从"做这个"调整到"做那个"。

★★★

我工作中的大部分事物都是固定的，或者至少是可以预见的，我很喜欢这一点。然而，工作中还有另外一些不可控的内容，尤其是需要与其他人合作的部分，这往往会令我很苦恼。我对日程、仪式和以"正确"方式做事有执念，这种执念让我得以把工作做好，但同时也会让我显得难以共事①。在学术界，尤其是做研究时，有很多规则和仪式，令我感到十分欣慰：

● 组织具有清晰的结构和层级。

● 人们有职位头衔和固定的称呼，比如拥有博士学位的人总是被称为"某某博士"。

● 报告和期刊论文都会按照介绍、方法、结果、讨论的结构撰写。

● 拨款申请有固定的格式和内容。

● 讲课要依据课程大纲，作业有相应的评估标准。

● 抄袭是错误的。

我喜欢这些规则和仪式，也乐于遵守。所以，当其他人不遵守它们时，我会很困惑，感觉到压力，从而也会烦躁。

当我上中学的时候，对老师的称呼总是"某某先生"或"某某女

---

① 我会在第 11 章具体讨论完美主义的利弊。

士"。所以，上了大学以后，看到其他学生直呼老师和导师的名字，我大为震惊。我坚持旧有的习惯称他们为"布朗教授"和"格林博士"，而其他人则称呼他们"鲍勃"和"吉娜"。我以为自己这样做又有礼貌又尊重老师，可是其他人显然认为我冷漠、不够友好。

后来，我晋升到了现在的职位。我会定期与我们当年的大学副校长开会。他总是说"叫我格雷格就好"，可是这件事却让我坐立难安。我的想法是，如果我称他为"副校长"，他可能会认为我不友善，但如果按他的意思叫他"格雷格"，对我来说就像是天要塌了一样——所以，我只能小心翼翼地措辞，确保自己说的每一句话里都不需要提及他的名字。

★★★

以下这些事情会给我们一家带来巨大的困扰：

- 商标或包装的改变——我每天晚上都喝一样的汤，如果汤的名字改了，或者商标换了一种颜色，哪怕汤的配料表还是一模一样的，我也无法接受。
- 家居装饰的改变——有一次，我们决定把已经老化的地毯移走，抛光下面的地板，当年正好 17 岁的大儿子为此与我们争论了几个月，就是不允许我们动他房间里的地毯。
- 人们移动我们的东西，即使只有轻微的改变——小儿子有一整个柜子的变形金刚，如果有人将其中任何一个移动了几厘米，他都会注意到位置的变化，并会因此非常难受。

● 应用程序或其他程序的更新——我尽量避免更新手机里的任何软件，以防菜单选项里的颜色、字体或顺序发生变化。我丈夫不太能接受这一点。

● 徽标、图标或主题音乐的定期改变或因特殊原因而改变——如果我在网上看视频的时候，发现网站的图标变成了奥运会专属图标，我会非常烦躁。或者，如果在看电视剧的时候发现新一季的主题曲换了，我也会很难受。

● 家庭作息的改变——最近，丈夫建议我们把垃圾桶从前院搬到后院，因为这样可以节约每天把厨房垃圾扔进垃圾桶、再每周把垃圾桶搬到院子外面的时间和精力。他仔细地向小儿子解释了其中的逻辑，小儿子认认真真地听完了他的话，然后坚决地拒绝了这个提议。

在编写这份清单时，我和丈夫讨论过。他告诉我，他曾试图向其他非孤独症人士解释这一点，然而他们都很难理解这些微小的变化对我们的影响有多大。他说，在解释为什么他的孤独症家庭成员需要各种各样的惯例和仪式时，其他人经常回答说："哦，每个人都不喜欢改变。"或者："是啊，这也让我很烦恼。"然而，这件事对于孤独症人士的不同之处在于，对我们来说，这些改变带来的烦躁不会那么轻易地消退。日常仪式为我们提供了一种秩序感和平衡感，所以哪怕看似很小的变化，也会让我们的世界变得混乱和失控。

笔记

— *11* —

错一处就是不及格

完美主义

又到了我更新心理健康计划的时间了，于是我同医生约了一个时间。在对我来说最困难的部分——一番闲聊之后，我们开始讨论治疗方案。我们聊了聊我的情绪，然后进行了一些针对焦虑和抑郁的标准评估。和往常一样，我在抑郁方面的得分还可以，但焦虑水平却很高。随后，医生给我的心理治疗师写了转介信。接着，我和丈夫一起回到停车场，他带着我穿过人群。我在路上读了医生写的转介信。

问题 / 诊断：

● 焦虑

● 孤独症谱系障碍

- K10 得分 [1]：31
- 诱发因素：强迫思维、完美主义、工作变动

我：她说我是一个完美主义者。

丈夫：你自己不知道吗？

我：嗯……我知道，但她是怎么得出这个结论的呢？

丈夫：因为她见过你嘛。

小时候，我没意识到自己是一个完美主义者。我只是知道自己喜欢把每件事都做好，而且很害怕做错。但难道不是每个人都这样吗？在上中学的时候，每个科目都有 5 个级别的评分：最低的是"不及格"，最高的是"抵免学分"。我不记得其他三个了，因为在我个人的评分系统中，只有两个等级：拿到最高分就是及格了，其他等级则等于不及格。我以为其他学生也有同感，所以当我第一次听到其他人说"及格万岁，多一分浪费"时，震惊到差点从椅子上摔下来。

父母对我寄予厚望：我会是家里的第一个大学生，然后成为医生或律师。老师也对我寄予厚望：我要在考试中拿高分，为学校争光。我对

---

[1] 凯斯勒心理压力量表（K10）在临床中被广泛用于测量心理压力，以便筛选出需要进一步评估焦虑和抑郁水平的个体。

自己的期望比这些还要更高，而且我总是深深怀疑自己的能力，极为惧怕失败。我没有时间浪费在交朋友、玩玩具、游戏或追星上。这种对成功的内在渴望和对学习的忠诚见证了我接受教育的最初 10 年。

然后到了高二，一切都变了。如果你读过第 1 章，就会知道，出于多种原因，高中是我生命中一段相当动荡的时期。在期中考试时，我的历史不及格——不仅仅是我定义的不及格，即低于最高分，而是客观上的不及格，也就是说我的得分低于满分的 50%。我彻底崩溃了。现实证明，我不够优秀，于是我决定退学，去找个工作。在尝试了从卖花到在美食街上卖小吃的一系列"职业"之后，我最终回到了学校，并在夜校修完了高中课程，还取得了几个本科学位。

在过去的 20 年里，我一直是大学里的研究学者。对于孤独症人士来说，在大学里做科研有很多好处，因为这个职业的成功取决于深深地投入，成为你感兴趣领域的专家。当然，随之而来的还有许多挑战，特别是在这个角色的社交方面（参见第 18 章）。

我的吹毛求疵和完美主义对工作大有助益。我会把期刊论文或拨款申请写得极为详尽。我总是会深入研究相关主题，仔细检查每一个细节，并严格遵守格式要求。我已成功申请到了 50 多项限定名额的研究资助，其中有 19 项是澳大利亚资助计划中的顶级项目，还发表了 200 多篇期刊论文。对于一个因历史考试不及格而在 15 岁时辍学的女孩来说，还是很不错的！

但是，当我回顾自己的职业生涯时，脑海中浮现出的总是不成功的拨款申请和被退稿的期刊论文，尤其是那些来自专家的负面评价，说我的写作存在严重缺陷、研究假设不够完善等。虽然谢天谢地，我很少得到这种评价，但它们仍会深深地刻在我的脑海中，挥之不去。

学术界助长了我的完美主义和对失败的恐惧。我一遍又一遍地校对自己所写的内容，但是仍然会犯下不可原谅的错误。比如有一次，我在写一篇期刊论文时，在标题中留下了一个无关的词。三位审稿人都没有发现这一点，编辑也没有，出版社也没有。但这并不重要，重要的是我自己无法接受！每次在自己的简历中看到这篇文章，我就感觉仿佛又回到了那场高中历史考试中。

★★★

同许多孤独症人士一样，我的完美主义既是优势也是劣势。当它指向内部时，会煽动自我怀疑的火焰，让我将任何错误都视为自身人格中的瑕疵。而当它指向外部时，则会干扰和激怒其他人。其他人并不明白，我实在无法控制这种冲动。我感到大脑中有一个声音在尖叫，说事情有哪里不对，我根本无法忽视它。

这个特质让我在业余时间里以发现拼写和语法错误为乐，但我同时也会对错误感到非常惊愕。如果哪天你真的无聊透顶，可以登录某个交易平台，看看有多少人声称自己的橱柜带 "draws"[①]，或者把 "porcelain"（瓷器）拼错了。我意识到，人们有很多合情合理的原因会把常用词写错，而我则是一个对此乐不可支的坏人。

批评专业出版物中的错误让我更有底气，尤其是营销和广告专业人士所犯的那些错误。我曾在一个下雨的假日浏览房地产销售页面，并对其中的诸多错误感到既兴奋又恐惧。人们向房地产经纪人支付真金白银，拜托他们为自己的房子进行营销，却不知道这些房子被描述成了带有 "理想景观" 的 "似是而非的生活"[②]。在花了几个小时圈出所有的错误之后，我想着或许我可以辞掉现在的工作，搞一份专门为房地产公司写文案的生意。

许多大型公司为广告商支付了昂贵的费用，结果却制造出一系列令人尴尬的错误。这一事实让我感到十分困惑。首先，简单的拼写错误随处可见；其次，还有各种语法错误。有时，人们会忽略句子中明显的隐藏含义，这类错误是我的最爱。例如，我曾经看到过一个关于回馈客户的广告，标语是 "不是每个人都能活着积累飞行里程"。显然，我们可以用两种截然不同的方式来理解这个销售定位。

---

① 抽屉应该拼写为 drawers。——译注
② 原文中 "理想"（ideal）被错拼为 idealic，"独一无二"（special）被错拼为 "似是而非"（specious）。——译注

★★★

　　读到现在，你恐怕已经直觉地设想出我可能在职场关系中遇到的问题了：不管是在小学时做小组作业，还是在大型的专业团队中，我无法接受的不仅是自己的错误，还有他人的错误。当我准备 PPT 时，会非常认真地确保每张幻灯片上文本的字体、大小和间距都相同。当我写报告时，从标题和副标题的格式到每句话的拼写和标点符号，也全都必须正确。所以，当其他人在合作时把草稿发给我，并对其中的拼写、语法和格式错误表示无关紧要时，我十分震惊。他们认为这并不重要，通常甚至根本没有注意到。对我来说，"不用担心拼写和格式，只看内容就行了"的要求就等同于"不用管客厅着火了，只看厨房的瓷砖就行了"。

笔记

—*12*—

没有灰色地带
坚守规则与正义

    读大学时，我曾在一家夜店当酒吧女招待，这是我从事过的众多兼职之一。它算不上一份好工作，但跟我的课业时间很配合，也是一种容易戴上的"面具"。那是在 20 世纪 80 年代，当时的音乐常常在朗朗上口的节拍背后隐藏着富有攻击性的词语和主题。有一首歌曾经在夜店里非常流行，人们跟着这首歌的曲调跳舞，然而歌词里却全是具体描写如何对女性进行性虐待的词句。

    我多次和 DJ 讲过，我很讨厌这首歌。我觉得它向那些跟着节拍合唱的年轻人传达了负面的信息。DJ 一笑了之，说这只不过是一首歌罢了。

    于是第二天晚上，这首歌的第一个音符刚一响起，我就锁上了收银台，关闭了吧台，直接走出酒吧，在外面一直等到这首歌结束。可想而知，没过多久，老板就出来找我了，我还记得那时他的耳朵里喷着一股股热气。我平静地向老板解释说，当人们沉浸于虐待女性的"乐趣"时，我无法若无其事地把酒卖给快乐的醉汉。听完我的话以后，老板很愤怒。当然，愤怒这个词无法描述他情绪的强烈程度。他本可以当场解雇我，我也相信他真的想过要这样做，但在这件事之前，我表现得毫无瑕疵：我从不迟到早退，也不占店里的便宜。

经过一番相当激烈的讨论之后，我们终于回到了屋里。从此以后，DJ再也没有播放过那首歌。

孤独症人士往往具有非常强烈的道德感。我们知道什么是对的，什么是错的；我们严格遵守规则，并希望其他人也同样遵守规则。为不公正的事件摇旗呐喊的人，往往很多都是孤独症人士，尽管我们在打抱不平的时候经常藏在屏幕后，寻求电脑键盘的安全庇护。

妈妈给我讲过一个我小时候的故事。我自己已经完全不记得这件事了，但从别人口中听到过很多次。刚开始上学时，我很喜欢学校，除了会害怕班级里陌生的小孩。我之所以喜欢上学，是因为学校里有规则，有固定的流程，让我知道什么时间会发生什么事，也知道自己应该做什么、不应该做什么。那个故事是这样的。有一天，妈妈自己一个人在家，所有的孩子都去上学了，她突然想提前把我接回家，陪我玩几个小时。于是，她来到学校，告诉老师说我要去看牙，所以她需要提前带我走。正如你所想象的，我被日常生活的突然改变以及去看牙医这件事震惊了。尽管如此，我仍旧收拾好了自己的东西，和妈妈一起走向汽车。然而，上了车以后，妈妈解释说其实并没有什么牙医——她只是想花一些时间和我在一起。

这个从天而降的逃学机会给我带来的是喜悦吗？显然不是。恰恰相反，妈妈无缘无故地让我离开学校，令我十分气愤——她改变了我的生活节奏，还违反了规则。事后看来，当年的我可能深深伤害了妈妈的感情，她大概比当时表现出来的更加难过。毕竟，大多数孩子都会为这样一次逃学惊喜而雀跃。但在那个阶段，我们尚未知晓我患有孤独症的事实，给我带来痛苦的并不是与妈妈共处的时光，而是对规则的执着。6 岁时的我不喜欢违反规则，现在的我依旧如此。

★★★

孤独症人士通常既诚实又可靠 ①，并且希望其他人也像我们一样。说谎是不对的，偷窃是不对的，伤害他人或物品是不对的。我发现，自己很难假装喜欢一个实际上并不喜欢的人，于是，"办公室政治"对我来说难于登天，尤其是有时我需要无视一个人或组织的不良品行。这就

---

① 或许我以偏概全了，毕竟每个人都是不同的。所以，我并不是说所有孤独症人士都总是诚实的。

是为什么你总是能在抗议和抵制的最前沿看到孤独症人士。在我家，如果一个品牌对他人造成了伤害或侮辱，我们便会把它从购物清单中开除；我们也会因为同样的理由而再也不去某一个地点。这样的抵制行为在我家并不罕见。

我花了很多年时间研究酒精行业的营销活动，后来扩展到烟草、垃圾食品和制药行业。我的研究也涉及这些活动对年轻人的负面影响。这结合了我的教育背景①、我高度集中的兴趣（见第 9 章）以及我对"社会组织应该做好事"的坚定信念。我在这个领域取得了很多成就，但也有一个最大的失败：我的一名优等生在获得学位后加入了一家主营酒类生意的跨国公司，担任营销职务。我崩溃了：我苦心教导和培养的人怎么能带着所学的技能加入"邪恶"阵营呢？

虽然许多孤独症人士难以进行社交互动，也难以交朋友，但一旦我们与某人建立联系，往往会非常忠诚。这可能是我们最大的优势，同时也是我们最大的弱点。可悲的是，正是这种忠诚和承诺令孤独症人士经常在友谊和亲密关系中受到虐待或伤害。我们想让关系变好，十分信任对方，而且往往太容易相信关系中的问题都是由于自己的过错，因为自己违反了人际关系的"规则"。

---

① 我有市场营销和公共卫生硕士学位，以及跨学科博士学位。

我本来就会因为不道德的行为而不喜欢一些人，如果他的罪行是针对某个我高度尊重的人的，我就更难假装喜欢他们了。伤害我，我可能会原谅你；但如果伤害的是我爱的人，罪不可赦。许多年前，一位同事因为伴侣的不忠而经历了一场痛苦的离婚。当时她身心俱损，但之后慢慢恢复了，仍与前夫维持着友好的关系。遗憾的是，我却做不到。我还记得她前夫来办公室找人的那天发生的事：

他：X 在吗？

我：不在。

他：她什么时候回来？

我：一个小时左右。

他：我可以在这里等她吗？外面下雨了。

我：不行，你可以出去等。

我无法相信这个恶人竟然指望我会邀请他进入我的私人空间，而我的那位同事也不敢相信，我竟然没有让他进来并给他倒杯咖啡。

★★★

在夜店抗议后，有些人对我说，我的行为很冒险。他们觉得我没必要为此承担丢掉工作的风险。然而对我来说，抗议是唯一的选择。我必须做出一些具有重大意义和破坏性的事情，才能达成正义的结果。

那不是我第一次在工作中坚持原则，也不是最后一次。虽然已经过去 30 年了，直到现在，妈妈仍然会反复提起我从前一家公司离职的事：我的上司因为与老板意见不合而被无故开除，于是我当天就辞职了。我真的很需要那份工作，也做得很开心，但我当时还年轻，对不平之事无能为力，唯一表明立场的方式就是辞职离开。

　　在整个职业生涯中，我从未动摇过自己的信念：应该做正确的事。不过，我的应对方式有所改进，能够采取一些更有策略的方法了，而且，随着资历渐增，我已经有能力在保住工作的情况下做出改变了①。

① 但事情并非总能如意，详见第 17 章。

笔记

—13—

这件事我会记一辈子

害怕犯错误

青春期那会儿，每个准备去上学的早上对我来说总是异常匆忙，因为我有三个同样也要去上学的兄弟姐妹。也就是说，每个人使用卫生间的时间都是极为有限的，只有这样才能保证所有人都刷上牙、洗上澡。我们总是想要抓紧每一秒整理和打扮自己，所以，每个早上都会有另一个人在卫生间外一边敲门一边大喊："快点，轮到我了！"

有一次，我在匆忙中不小心带了两双袜子和两条内裤进卫生间。在有限的时间里，我只能在换洗完之后把多余的袜子和内裤随手塞进口袋，然后赶紧挂好毛巾，整理好睡衣，把卫生间让给下一个人。

那天早上有一堂科学课，我们要一起把小组制作的海报钉在墙上。然而，回到座位后不久，就有人喊道："嘿，有人把内裤弄掉了！"老师用尺子的一端把内裤从地上挑起来，一边举着一边问："有人认领吗？"全班大笑。准确来说，是除了我以外全班都在大笑。我偷偷把手伸进口袋，袜子还在，但我只摸到了袜子。那条内裤孤零零地在教室前面的长椅上待了一整节课。当然，也没有人在下课后去认领它。

这个故事始终是一个只有我自己知道的秘密，直至今日。我把它讲出来，并不是因为这是我所经历的尴尬之最——我还遇到过更可怕的窘迫情景，也不是因为这件事对班里的其他人有什么特殊意义。实际上，除了几分钟的欢笑之外，我的同学们没有遭到任何伤害。我分享它是因为，哪怕在 40 年后，那节科学课上每一秒的痛苦对我来说仍然历历在目。

孤独症人士往往对自己很苛刻。我们不会对自己的错误一笑而过，而是会在脑海中一遍又一遍地重复这段经历，品味错误发生前的每一刻，反复思考自己原本可以如何避免犯下这个错误。"我不小心把两条内裤带进了卫生间，我真是个白痴！我把多余的袜子和内裤放进了口袋里，我真是个白痴！我回到房间后忘了把它们从口袋里拿出来，我真是个白痴！我在学校让它们从口袋里掉出来了，我真是个白痴！……"我甚至可以轻松地写出一整本书，书名就叫作《我犯过的错误以及我本可以如何避免它们》，但这本书大概会给读者带来很多痛苦，而且页数会比《战争与和平》还多。

以下是我犯过的一些错误，它们至今仍然让我夜不能寐。

- 我上四年级的时候，经历过一次日食。那天，学校老师非常严肃地警告我们：直视太阳会带来危险。为了安全起见，老师让我们在休息时也待在教室里，但那时我突然需要去洗手间。我从教室走到厕所，一直专心地看着地面，以避免看到太阳导致永久失明的风险。于是，我就这样不小心走进了男厕所。我不知道是否有人看见了，但在我的感觉里，似乎班里的每个同学都目睹了我是如何走进了错误的厕所。

- 上八年级时，我第一次喜欢上了一个男孩，决定对他表白。我写下了所有自己想说的话，在公用电话亭拨打了他的号码。是他妈妈接的电话。我说，我要找比尔①，他的妈妈于是把电话递了过去，我听见他打招呼的声音，随后便背诵了自己的剧本。接下来是一阵可怕的沉默，然后，对面终于开口说道："我是老比尔，我猜你要找的是我儿子。我这就帮你去叫他。"我立刻把电话挂了。从此以后，我再也没有和那个男孩说过一句话。

- 大学毕业后，我的第一份工作是在公共服务部门做调查。这份工作让我做了很多次"家访"，但是很少有人真的欢迎我们进家门。有一次，一位女士在我们拜访她之后写了一封长

---

① 这里使用化名以保护当事人。

信向主管投诉。我不记得那封长长的信里的主要内容了，但其中有一句"当天那位女工作人员没有在垫子上擦脚，把我们的地毯踩脏了"一直铭刻在我的心中。

- 2010 年，我和一位新人同事合写了一篇期刊论文。审稿人的评论让他感到非常沮丧，于是他把邮件转发给了我。我意识到他需要一些安慰，便给他回了一封邮件，告诉他不用担心，因为首先，其中一位审稿人的很多评论都是在胡说八道，仅仅证明了他对我们的研究一无所知；其次，无论如何，我相信这本期刊最终一定会接受我们的论文的，所以只要修改我们认为有错的部分就行了。大约 10 分钟后，我收到了一封来自期刊编辑的电子邮件——我并没有意识到自己把回复同事的这封邮件抄送给他了。对方表示已经收到了我的意见，但希望我能够更严肃认真地对待这个过程。那已经是十多年前的事了，自从那次之后，我已经累计发表了 120 多篇期刊论文，但每次当我一行一行浏览自己的简历，在发表论文列表中看到那一篇时，仍然会尴尬得全身紧缩。

- 几年前，我去珀斯看望大姐。父母来机场接我，一起开车去她家。我们拥抱，互相问候。接下来呢？我们该做点什么？家训是：当一切尝试都行不通时，就泡茶吧。于是，我把水壶灌满，放在炉子上，点火，然后开始忙着准备杯子和茶匙。没过多久，一股怪味传来。爸爸从椅子上跳起来，大喊："水壶着火了！"原来我拿的是一个电热水壶，插在电源插座上的那种，而不是可以放在炉子上加热的那种。它已经变成了一团燃烧着的烂泥。在我眼里，它和普通的水壶没有区别：形状一样，都是一个把手、一个壶嘴。当然，我也可以将这个错误归咎于自己一直都有的焦虑。这种焦虑并不是因为见到了姐姐，这反而是让我感到兴奋的部分。我焦虑的是要准时到达机场，登上正确的飞机，在机场找到父母，熬过通往姐姐家的漫漫长路；我还在焦虑姐姐的健康问题，她正在接受药物治疗，这正是我来探望她的原因；还有，我需要在一个新的地方睡觉和生活，我该吃什么，在医院会发生什么……我感到羞愧难当。当时的我想马上跑出去买一个新水壶，但姐姐一如既往地和蔼宽容，她找出了一个可以拿来烧水的平底锅。现在，我每次泡茶时仍然会想起那只水壶。

以上这些只是众多例子中的 5 个。如果我正在写的是那本错误之书，便可以详尽描述自己打翻的每一杯饮料、打碎的每一个盘子，以及我每次是怎样忘记了自己的手机充电器、笔记或钥匙，还有我对各种问题给出的每一个或错误或愚蠢的答案。

这种对于做错事的恐惧可能来源于我非常需要被他人接纳，或许因为我一直都没有成为别人期待的样子，我的内心深处始终有种缺陷感，还有潜在的焦虑。做错事的恐惧对我的影响很大。正如我已经指出的那样，当孤独症人士犯了一个错误时，我们会反刍很久，往往还会将其内化为一种作为人的缺陷，而大多数普通人只是将错误视为某种偶然的不幸，然后继续照常生活。

但是，这种持续的焦虑不仅会在犯错后影响我们的生活，还使许多人长期生活在一种高度焦虑之中，并让我们难以冒险。当然，我说的冒险并不是要从飞机上跳下去，我指的是类似在会议上发言或参加社交活动这样的风险。我总是在想，他们会不会因为我一语不发而觉得我很愚蠢或无趣？但是如果我开口说了些什么，却说错了，该怎么办呢？又或者，我没能读出某种言外之意，结果被别人发现我其实很笨呢？

★★★

在我十几岁打零工的时候，如果老板突然要见我，我会立即认为自己做错了什么，恐怕会挨骂或者被解雇。我会想：我找错了谁的零钱吗？我弄错了哪位客人的订单吗？我是不是因为在聊天时说错话而让客人不高兴了？然而，通常老板找我只是因为他想让我多订一些奶酪、要求我临时加班，或者帮他搬箱子。即便事实如此，但下次老板再找我时，我的第一反应仍然会是"我做错了什么"。

随着逐渐成长，我已经不再持续害怕自己会做出一些愚蠢或不可原谅的事情了。但是，即便我已经50多岁了，当老板要见我的时候，我的心还是会猛然一沉。现在，我已经处于很高的职位上，对自己的工作也非常擅长，而且老板对我十分支持和理解。自从几年前开始为他工作以来，我犯过两次重大错误——只是以我的标准来看是重大错误，以其他人的标准来说可能根本不算。

我起草了一封信让他签名，以通知某人的差旅补助金未获批准。由于这是那种我们每年都会写的信件，所以我直接复制粘贴了之前的一封，然后仔细编辑了姓名、联系方式、日期、理由等。但是，我忘记修改当事人的目的地了。于是，那位落选的申请者联系办公室，询问这是否意味着他的申请依然待定，因为拒信上的地点并不是他要去的那个。这是一个多么大的错误啊！我心想，我真是一个失败的人，老板绝不会原谅这样一个巨大的错误！当老板打电话来讨论应当如何回复对方时，我已经在收拾行李了，同时还在思考着要如何告诉家人我失业了。我们向申请人道了歉，解决了这个问题，接下来老板就继续忙自己的事去了。我坐在那里，等着最后的斧子落下来。

下一次有机会见到老板的时候，已经距离我犯错将近一个星期了。在那个时候，我的焦虑水平已经爆表。然而，老板一如既往地向我打招呼，然后开始和我讨论接下来一周的议程。意识到他已经明确地原谅了我，令我大为震惊。当然，如果知道我至今仍未原谅自己，他可能也会感到同样的震惊。两年了，我仍然会在脑海中一遍又一遍地回想那次错误。

我不仅仅是对现在的老板这样，我对之前的每一位老板、同事、下属，甚至对朋友和家人都是这样的。如果下属发邮件说想抽时间找我谈谈，我的第一反应就是大家都对我不满，打算集体辞职，而这显然意味着我是一位十分失败的主管。

关于我对"谈一谈"这个请求的本能反应，我已经和心理治疗师讨论过很多次了。我真的很喜欢在现在的老板手下工作，他比我之前的任何一位老板都更了解和接受我的孤独症。心理治疗师帮我梳理了关于他的情况。

心理治疗师：自从你开始为他工作以来，他大概有几次给你打电话要与你谈谈？

我：　　　　至少几百次吧。

心理治疗师：那么在这几百次里，有多少次是因为你做错了事？

我：　　　　两次。

心理治疗师：有多少次是因为你做了正确的事，他和你谈谈是为了祝贺你取得了某个成果，或是感谢你做的某件事？

我：　　　　大约 40 或 50 次。

心理治疗师：有多少次是中性的，比如只是要问一个问题或转达给你某个消息？

我：　　　　剩下所有的时候。

心理治疗师：所以你需要做的就是记住：当老板要求与你谈谈时，问一问自己同样的问题，想一想你们有多么喜欢和尊重对方，提醒自己，他每次打电话都是为了跟你说一些积极或中性的话。

这个建议非常好。我还在努力实践中！

<u>笔记</u>

什么是"社交互动方面的缺陷"

根据DSM-5，要诊断为孤独症，除其他标准外，儿童必须在社交互动的以下三个方面均存在持续性的缺陷：

- 社交情感互动中的缺陷；
- 在社交互动中使用非语言交流行为的缺陷；
- 发展、维持和理解人际关系的缺陷。

在诊断手册之外的世界中，这意味着什么呢？

第14章到第20章描述了我对DSM-5中所谓的"社交互动方面的缺陷"的体验和理解。

—14—

嘘……有人来了

回避社交互动

那是我们家一个寻常的周日下午……我在房子一端的休息室里玩拼图，小儿子则在另一端的客厅里，为自己的故事编写不同的角色。与此同时，我丈夫正在屋外把玩他的那些电力工具。一切是多么宁静，多么平和，每个人都在属于自己的地方……

突然，我听到厨房里传来一阵对话声。其中一个声音是丈夫的，所以没什么。而另一个声音我并不认识，于是我意识到：家里来人了。你猜我接下来会做什么呢？如果你以为我会走出房间去打个招呼，那简直是在做梦。我给丈夫发了条短信："谁来了？"

我等了一会儿，没有回复。我停下了拼图，静静地坐在那里。

声音越来越近了。我能听出丈夫在描述家里的灯具和电器。啊哈，他正在向某人展示我们新装修的房子——但对方到底是谁呢？他并没有说过今天家里会有客人来。

声音越来越近了。他们已经来到了书房，就在我房间的隔壁。于是，我坐在那里，尽可能地变得更加安静，甚至屏住了呼吸。我听见丈夫说："那边是桑德拉的地方。"短暂的沉默后，他们朝另一个方向走远了。我爱我丈夫！

等我确认他们不在外面之后，迅速冲进了客厅。

我：　家里有人，你知道是谁吗？

儿子：我不知道。我们不知道有谁要来，就保持安静吧。

我：　好的，我要趁现在还安全的时候回房间。

最终，我们听到了准确无误的告别声。随后，丈夫重新出现了。儿子立马飞奔出客厅与他对峙。

儿子：你带人进了我们家！！！

丈夫：是啊。是邻居和他儿子，我带他们看了看家里的装修。

儿子：你疯了吗？你根本没有事先警告我们。我和妈妈很焦虑，你不能不提前告诉我们就把人带进屋子里，这是我们的家！

社交互动确实很难。虽然孤独症人士各不相同，但我们在人际沟通方面都面临着挑战。无论是不会说话、只能使用辅助和替代交流，还是喋喋不休、看似口齿伶俐，人际交流中的细微含义都会给孤独症人士带来巨大的压力和困惑。我们中的许多人学着以一种看似普通的方式交流，但就像所有不自然的习得行为一样，这么做需要付出大量精力和注意力。

这意味着，许多在普通人看来平常随意的社交互动，都有可能给孤独症人士带来压力和消耗。对我们来说，与陌生人交谈会带来很大的困扰，因为这项活动混合了社交焦虑的不适感以及各种模糊不明的要求。也就是说，寻常的一天之中，可能到处都是潜在的地雷。

比如，当我走进公寓楼的电梯——我要和里面的人打招呼吗？如果保持沉默，他们可能会认为我不友好；但如果说话，他们可能会认为我很奇怪……如果打招呼，他们可能以为我认识他们；但如果不打招呼，那些人我又确实认识，那要怎么办？也许我应该盯着自己的手机屏幕，假装在发短信……

当我穿过大厅，公寓楼的经理正在和人聊天——我应该说早上好吗？如果保持沉默，他们可能会认为我很粗鲁；但如果说话，会不会打扰他们呢？如果开口说话，我应该说些什么呢？

我正走在人行道上，人们朝我走来，他们越来越近了——我是走在正确的一侧吗？丈夫说应该靠左边走，但是他们都在右边……我要不要过去？到底多近是太近？如果让他们离得太近，我会感到焦虑；但如果离得远了，他们可能会认为我对他们有什么看法。我应该看着他们的眼睛，还是低头往下看？如果看着他们，我可能会显得很奇怪；但如果低头，他们可能会认为我不尊重他们……可是，如果看着他们，他们可能会认为我是故意盯着他们。我应该微笑吗？如果不笑，他们可能会认为我很粗鲁；但如果笑了，他们可能会觉得我很诡异……

前面有人在发传单，哦不，他们正看着我——我应该看他们吗？如果继续往前走会显得不礼貌吗？如果我一直盯着手机，他们会转而去找其他人吗？

以上这些仅仅是早上去办公室的路上所经历的部分罢了。我要应对的还有生活中所有剩下的部分，例如去超市购物——我应该对收银员说什么？在排队的时候，我应该和其他人聊天吗？还有公交车上遇见司机、售票员、其他乘客的时候，出去晾衣服遇到邻居的时候……

★★★

像许多孤独症人士一样，我在谈论自己的特殊兴趣时会觉得很自在，而且我必须不断提醒自己，其他人可能并不认为这些话题很有趣，他们可能更愿意谈论其他事情。在工作环境中，这一切可能是种优势。我可以站在一群人面前落落大方地谈论自己的研究，无论面对的是只有

20名学生的班级教室还是挤满了数百位社区成员的礼堂。这对我来说很容易，因为一来我对自己所讲的内容有信心；二来我可以合理地假设房间里的人都是对这个主题有兴趣的，否则他们就不会来了；三来我的输出是单向的，所以不必担心对话中包含言语和非言语交流的细枝末节。

然而，这也会给我带来挑战。大多数人都不是很喜欢公开演讲，所以他们看到我侃侃而谈，就会以为我是一个自信、外向的人。之后再见到我时，如果我在谈话中显得生硬或不舒服，他们便会认为我不够友好，而不知道这其实是因为聊天并不是我的舒适区。我会一直想着：现在轮到我说话了吗？我应该说什么？聊什么内容对方会觉得有趣？

我不是一个可以自信地走上前去，自然而然地开启对话的人。如果看到自己想要与之交谈的人，比如我感兴趣的领域的专家、我敬仰的人、同事、名人、我以前见过的人，我也想上去打个招呼。但大多数情况下，我会犹豫很长时间，结果还没等我鼓起勇气，他们就离开了。我的思考过程类似于下面这样：

> 哦，X在这，我真的很想和他聊聊……不过他知道我是谁吗？我要如何介绍自己呢？现在他正在和别人说话，我最好还是不要打扰他们……先在这里站一会儿吧……好吧，现在他身边没有人了，我该过去了……但是我要说什么呢？他会对什么内容感兴趣呢？也许我可以和他谈谈某某？对，就是这样……那么，应该怎么开口呢？哦，我迟了一步，现在又有人过去了

……还是等他有空再说吧……好了，现在可以过去了……哦，好像有人在朝那边走……他们看起来比我有趣多了……也许我可以加入他们的谈话……我可以在这里待一会儿，希望他们能主动注意到我……我应该向他们微笑吗？他们会不会认为我打扰他们了？他们都在笑……他们好像很享受这段谈话，还好刚才我没有过去……我再等等吧……啊，他走了。

★★★

在办公室工作很累。我不是指工作本身——我喜欢自己的工作，可以开开心心地连续工作 12 个小时。让我痛苦的是会议、电话、视频通话，那些要求我同时使用所有的感官，还要戴上"正常面具"的事情。后来，升职成为领导让我解脱了，我终于可以快乐并名正言顺地拒绝参与团建活动。我会说："有我在，大家很难放开了喝酒，所以我就不去了。"需要说明的是，我真的非常喜爱、尊重并重视与我共事的这支优秀团队，也非常关心他们每一个人。只是非正式场合的谈话对我来说实在太难了。

在成年人的生活中，我最讨厌的部分就是"社交"，也就是结识新朋友，并尝试与他们进行有趣的对话。工作和日常场合的社交对我而言都很困难，而当两者之间界限模糊时，事情就更复杂了，例如与同事及来自各个组织的合作者共进晚餐。在这类活动上，人们似乎能够在严肃谈话和闲聊之间丝滑切换，一会儿聊的是"他的演讲太好了，对这个观点你是怎么看的"，一会儿聊的又是"你周末有什么计划吗"，这可太让我震惊了。对我来说，前一个问题就像考卷上的一道试题，如果我答不出正确答案，就会看起来像个傻瓜；而后一个问题则是个雷区，因为我不可能告诉他们自己真正的计划是什么，例如读一本书或者沉迷于各种奇怪爱好之中，所以我必须编造一些让自己听起来很专业但又不那么无趣的东西。然而当我好不容易想出答案时，对话早已经切换到另一个频道了。在这种场合下，我很需要有一个善于社交的伙伴作为帮手。这就像一场网球双打比赛：我回答那些我能接住的问题，剩下那些我接不住的、会让我摔倒的问题，就交给帮手来回答。

我的丈夫没有孤独症。事实上，从社会意义上来讲，他绝对是孤独症的反义词。他非常合群和友善，同每个人都能相处融洽。他是那种可以轻松地与各种各样的陌生人开启对话的人，聊上不到一个小时，他就会跟那个陌生人成为朋友。无论走到哪里，他都能遇到熟人。有时他去了 5 分钟路程之外的杂货店，结果消失了一个小时，只是因为遇到了一个认识的人。这个人可能是他在 25 年前的某个熟人，尽管从那以后就再没见过彼此，他们却在此时认出了对方。而在这种情况下，丈夫可以像呼吸一样轻松地开始聊天。

我和丈夫两人在社交上的巨大差异既有好处，也带来了挑战。他这么享受社交和与人交谈有一个最明显的好处，那就是他很乐于进行大量的一般社交互动，这样家里的其他人就可以躲开这些累人的事了。比如，他很愿意去超市购物，同收银员、其他顾客以及任何过来闲聊的人开玩笑；他也很乐意通过参与这些对话来为家里的其他几个人打掩护，而我们则会设法让自己看起来非常忙，没心思参与谈话，因为与不认识的人交谈对我们来说太可怕了。所以，对于其他家庭成员而言，丈夫的社交特质是很正面的。

但另一方面，这也给他带来了困扰。例如，当丈夫在某个公司工作了一段时间，与同事日益熟悉之后，他总是要在各种社交场合解释说，自己的妻子因为"忙于工作"或"外出旅行"而无法参加公司的社交活动。大多数人都接受了他的妻子非常忙的事实，考虑到我的工作和其他事宜，此话确实不假。然而，还是会有一些人渐渐开始怀疑，他是不是根本没有什么所谓的妻子，特别是在他的工作时间不规律，而且涉及大量社交活动的时候。显然，在这种情况下，一个正常的妻子往往会变得多疑和嫉妒，至少也会希望能参与到丈夫的职场中来，因此应该会更加珍惜那些能够和丈夫一起参与公司活动、结识他的同事及其配偶的机会。丈夫每天在公司都很开心，也很喜欢和他共事的那些人，享受与他们的来往。我为他感到高兴。然而对我来说，在工作中不得不进行的社交活动早已用尽了我所有的能量，因此，当晚上或周末到来时，我已经没有任何剩余的精力可以分给家庭以外的人了，也根本不想这样做。但是，当我回避的不仅是丈夫的同事，还有他的朋友时，问题就严重了。直到今天，丈夫依然有几个多年好友，甚至是几十年的至交，从未见到过我和孩子们。朋友们会开玩笑说我是他想象出来的，但我想他们有时候也许真的认为我不存在。

丈夫接受了我想要避免社交互动的需求。不过，当他感到有些人确实会因为我不愿意见面而被冒犯时，也会邀请我一起参与社交活动，或是前往某人家中做客。在这样的情况下，我一般都会同意，因为既然他提出了邀请，这件事一定很重要。我们需要对此进行大量的准备工作，明确各个参数，特别是具体要停留多长时间，还要商定一个"撤退暗号"。然而，这些准备并非总能奏效。丈夫合群的天性和他对社交的享受也会带来弊端：他有可能完全忘记时间限制，忽略我的撤退暗号，或者根本注意不到我早已因为社交疲惫而变得心不在焉了。

丈夫也会用一些很有创意的方法来降低社交带给我的压力，或者帮我找到足够强大的社交动机。例如，他有一个非常好的朋友住在本迪戈，多年来一直邀请我们去做客。每次丈夫去时，都会用一个极为合理的理由解释我的缺席。后来，当他终于说出"我真的很希望你能来"的时候，我便知道这对他来说是真的很重要了。值得庆幸的是，他最后的方案是带我前去观看他朋友参加的赛车比赛，这个场合不需要太多社交。同一年晚些时候，我们发现本迪戈有个一年一度的玩偶展——这是满足我们双方需求的绝佳机会。我们在一起度过了一个愉快的周末。我们和他的朋友一起吃了几顿饭，随后丈夫继续和他们待在一起，我则去看玩偶展了。再后来，我又和丈夫两个人一起度过了一段轻松的时光。

当大儿子遇到自己的伴侣时，我们很高兴。这个姑娘十分可爱，就算儿子让我来选，我也觉得没有更好的选择了。她轻松接受了我们本来的样子，融入了我们的家庭，就仿佛她一直同我们生活在一起一样。我想，既然与她相处这么容易，那么见她的家人一定也很容易吧。

她家人第一次请我们吃饭的时候，我真的很焦虑。我应该穿什么？我要和他们聊什么？我们有什么共同点吗？如果我说了或做了一些奇怪的事情，害儿子难堪了怎么办？如果他们认为我很奇怪或者很粗鲁怎么办？

然而当我们到达时，她的家人说到的第一件事就是，他们知道我的小儿子可能不想整晚都和我们坐在一起，如果他想独处，可以去一个单独的房间。那一刻我是多么嫉妒儿子啊！

在这种情况下，孤独症人士所能拥有的最重要的东西就是一个支持自己的家庭。我很幸运拥有我的家人。丈夫会帮我在社交时寻找合适的话题，儿子向我保证我永远不会让他难堪，而儿媳妇会留意到我什么时候需要休息。那是一个非常美好的夜晚。唯一的缺点是丈夫没有看时间，所以当我们离开的时候，我已经精疲力尽了。

★★★

当我丈夫读到本章的初稿时，他说，我低估了社交互动给自己带来的困难以及对生活的影响。我只描述了感官及能量上的消耗，说我因为社交互动而感到压力、焦虑和疲惫，但没有说明社交对我的自信以及我和其他人对我的看法的长期影响。

我一直都明白，其他人可以很轻松地享受社交，而且他们将我的挣扎视为一种缺陷。从孩提时代起，我就被描述为冷漠、不友好甚至令人生畏，我已经全然接受了这些解释。自从我得到诊断以来，在与其他孤独症人士越来越坦诚的互动中，我开始理解并接受这是我孤独症的一部分，而不是我可以通过"更加努力"来克服的东西。这种认识可以让我对自己感觉好一点，但并没有让社交互动变得更容易。

对大多数人，我都很喜欢，也希望与他们建立积极的关系，但我仍然需要在别人的期望和自己的能力之间不断寻找平衡。目前，这个世界还无法接受我自信地说出"我真的很想成为你的朋友，但以我的精力只能一个月见你一次"或"是的，我愿意参加团建，但只会坐在一个安静的角落里，20分钟后就离开"。

社交上的困难会影响到友谊。我很难交朋友，也很难理解和满足他人对友谊的期望。这种事经常让我感到困惑。因为我无法理解非言语信息以及社交时一些细微的线索，所以总是担心自己会冒犯或激怒他人，也常常误解对方的意图。他们只是在客套，还是真的想和我说话？他们看向另一边，是不是因为我让他们厌烦了？我说得太多了还是太少了？如果我上去打招呼，他们会不会认为我是跟踪狂？如果我不打招呼，他们会认为我很粗鲁吗？他们不回我电话是因为太忙，还是因为不想再跟我做朋友了？

这种困难还会影响我融入更广泛的社会群体。我在大学里待了很多年，但没有交到任何"朋友"，因为我永远不确定应该如何进行学习以外的对话，或者是否应该进行对话。我从来没有和儿子同学的妈妈交过朋友，因为在她们充满自信地交谈时，我不知道应该如何加入。

这也影响了我的职业生涯。由于不知道如何在工作活动和会议上发起互动，我没有信心通过社交活动建立人脉，也无法在会议上表达自己的观点，更难以建立"政治"联系，而这些都对推进职业生涯至关重要。我失去了太多机会。关于这些，我甚至可以再写出一本书来。

★★★

每个孤独症人士都是不同的，但我们都会面临社交互动困难。有些人，比如我的小儿子，非常擅长开启对话和开玩笑；还有一些人，比如我和大儿子，则认为社交互动令人困惑和疲惫。如果我要就此向非孤独症人士提出一个建议，那就是不要用普通人的视角来解释我们的行为。如果我们与你交谈时显得尴尬或不自在，很可能是因为我们不确定要如何互动，而不是因为我们不喜欢你。如果我们拒绝了你的社交邀请，很可能是因为我们已经精疲力尽，而不是因为我们不友好。如果我们说的话冒犯了你，很可能是因为我们误解了社会规则，或者只是在沟通中过于直接，并不是粗鲁无礼或者有意伤害你的感情。如果我们在会议上一言不发，很可能是因为我们不确定应该如何以及在何时插话，而不是因为我们无话可说。

<u>笔记</u>

—15—

读不懂的天书

理解社交规则

上中学的时候，我是班里最矮的，不过我并不在意，这只是一个事实罢了。当然，人们偶尔会开玩笑，但在其他孩子对我无尽的取笑和霸凌中，身高并不是一个主要的因素。

有一天，我穿过操场去图书馆，看到一个比我还矮的女孩。她可能是低年级的，因为我以前从没见过她。看到一个明显比我矮的人，我感到非常惊讶，以至于克服了平时不愿与陌生人交谈的习惯，对她说："哇，你知道吗——你是我在学校遇到的第一个比我矮的人。恭喜！"我不记得她有没有回应。对我来说，这个沟通完成了，我已经传达了一个事实。

我记得大约10秒钟后，我最喜欢的老师的声音在我身后响起："桑德拉，我对你太失望了！"我吓了一跳。老师对我失望？我到底做了什么？接下来，老师针对霸凌发表了长篇大论：她看到我故意对另一个学生说了刻薄的话，并且惊讶于一个一直被欺负的人会对其他人如此残忍。我满腔委屈。我知道霸凌是什么：管某人叫怪物、偷走某人的午餐，或者故意将某人撞倒。但我不是恶霸，也没有说什么刻薄的话。我只是观察并陈述了一个事实。但是，我没有和老师争论，因为你是不能和老师争论的。我羞愧地低下了头，为自己的行为道歉。

孤独症人士喜欢规则①。规则给了我们确定性和可预测性，有助于我们理解这个混乱的世界。那么，为什么我们中有这么多人苦苦挣扎于社交规则呢？我认为，至少对我来说，这是因为规则在一致且有意义时才能起作用，而许多社交规则并不满足这两条。这也就意味着这些规则很难学习，也很难遵守。

"不要和陌生人说话"——这是一条非常简单的规则，每个小孩都被这样教导过。我小时候很喜欢这条规则，但随着年龄的增长，我意识到实际上存在许多令人困惑的例外。从表面上看，这条规则本身是很简单的：如果我不认识你，那么我就不应该和你说话。除非……如果不问

---

① 我只是从我认识的孤独症人士以及我对孤独症的研究概括出了这个一般性的结论。每一个孤独症个体都是不同的，我相信也会有一些孤独症人士是不喜欢规则的。

候父母的客人，你就会惹上麻烦，因为与那些陌生人交谈是讲礼貌；你也不能不让陌生的姨妈和表兄弟拥抱你，因为你与那些陌生人有亲戚关系；还有其他种种无尽的例外情况。

★★★

大多数人最早学会的社交规则就是必须说实话。父母在孩子刚学会说话时就会这样进行教育，它也是许多谚语、书籍、歌曲、诗歌和礼仪教育的主题。然而，它也是最复杂和令人困惑的社交规则之一，因为有太多未说出口的"如果"和"但是"了。与这条黄金法则同样重要，但经常与其相悖的准则是：不要说可能冒犯或伤害别人感情的话。所以，完整的规则实际上是：

（a）永远说真话
（b）除非真相不"礼貌"，或是可能伤害某人的感情
（c）人们应当本能地知道什么时候（b）优先于（a）

许多孤独症人士天性诚实。我们不擅长欺骗，也不擅长发现他人的欺骗行为。所以我们对（a）很满意，但对（b）一头雾水，更不要提（c）了。

随着年龄的增长和更多类似于学校经历那样的人生教训，我们终于开始了解一些细微的差别，至少希望自己如此。例如："说实话，除非它可能伤害到别人的感情。"我可以理解这句话的逻辑，但如果要真的

实施这一条规则，便意味着我不仅要知道哪些事实会伤害我的感情，还要能够凭直觉知道哪些事实可能会伤害"你的"感情。这是一个非常严苛的要求，因为我们体验世界的方式与普通的同龄人截然不同。我了解到，称某人肥胖、丑陋或愚蠢是冒犯性的，因为在当前的社会中，这些都是人们不希望看到的特征。回到我高中时的例子，我并不认为身高会影响自己作为一个人的价值，而且也从来没有因为被人说自己比谁矮而感觉受到了冒犯，所以我完全没想到这个"事实"已经越界进入了"伤害性评论"的领域。

因此，作为一名孤独症人士，我需要靠回忆整理出一份完整的清单，列出所有属于"可能伤害到某人的感情"类别的事情。这份清单太长了！想象一下，你要在脑子里带着这样一份清单生活，在试图评论一个人的外表或性格的任何方面之前都要从头到尾浏览一遍。发起对话和闲聊已经让我们很痛苦了，称赞他人就更复杂了。然而对于许多普通人来说，赞美他人正是闲谈的核心。

社交规则中还有一个更复杂的例外，这也是我仍在努力学习的一个，即同样的陈述可以是赞美，也可以是冒犯，取决于你指的是谁。如果我说出我的丈夫很聪明这一事实，人们会觉得没问题，因为这是一种恭维；但如果我说出我很聪明这一事实，人们就会不舒服了，会将其视为自夸或自负。如果我说丈夫的厨艺比我好，那就完全没问题，甚至可能是一种爱的表达；但如果我说我比丈夫更聪明，那就是一件可耻的事——我之所以知道这一点，是因为我的确这样说过，并因此受到了严厉的批评。然而以上两种说法都是客观且真实的。丈夫做的菜好吃又营养，全家人都爱吃，每次他说"今晚我来炒菜"时，全家人都会热烈欢呼；我对烹饪的全部理解则仅限于将叉子插在冷冻食品上，按下微波炉上的按钮。然而与此同时，我的整体智商超过了 99% 的人；丈夫也非常聪明，但他的智商并没有达到这个程度。

我们的小儿子发现，复杂的例外不仅取决于这个人是谁，还包括上下文是什么。他比我更合群，更愿意与陌生人交谈，而这导致了在电梯里的一些不愉快的谈话。例如，他知道称赞某人的衣着是有礼貌的，但是有一次，当我们和两个穿着随意且有点醉醺醺的年轻人一起进入电梯时，小儿子说："你穿的 T 恤很漂亮。"而对方的反应并不友好。

★★★

要遵循规则，又要考虑到所有复杂的例外，这使得我们在社交中必须采取一种完全不符合自然本能的方式。想到这儿，你就会明白为什么有时我们很难理解和遵守这些规则了。时至今日，我仍然难以理解有关打招呼的复杂且违反直觉的规则。

对我来说，交流的目的就是交流，所以如果没有什么可说的，我的本能就是什么也不说。但是，这样做会引发一系列的问题和混乱。为什么人们会问"你好吗"，却并不关心答案呢？现在我已经明白了，这并不是一个需要明确答案的问题，也不断提醒自己，对话应该是这样的：

某人：嗨，桑德拉，你好吗？

我：　嗨，我很好，谢谢。你好吗？

某人：我也很好，谢谢。

我知道上面这段对话是正确的示例，也在脑海里排练过很多次了。然而，真实的情况往往是这样的：

某人：嗨，桑德拉，你好吗？

我：　我今天压力有点大。我的头很疼，耳朵也超级痒。我的待办事项清单上大约有 24 件事，可我不知道从哪里开始，所以我也不知道该怎么办了。

某人：哦……

为什么我每天早上都要向办公室里的每个人问好呢？我昨天刚刚见过他们，今天又见到了他们，明天还会见到他们。如果我有话要对他们说，我就说；如果他们有话要对我说，我就听。每天早上和每个人打招呼，下午再和每个人说再见，这太荒谬了。更别提这样做还需要耗费大量的情感能量。我会不停地担心：我可能会遗漏某人，我可能会弄错某人的名字，我的问候可能听起来不自然或者不友好，他们可能会问我一个问题，或者试图闲聊，而我却无法继续对话。但是，我不想冒犯任何人或是显得不友好，所以我每天早上都要完成这个例行程序，于是当我走到自己的办公桌前时，就已经精疲力尽了。

更不用说，还有其他各种各样的复杂性。如果我出去吃午饭，回来以后从同事身边走过时，应该怎么办呢？需要再打声招呼吗？如果我不这么做，会显得很粗鲁吗？如果我这样做了，会看起来很诡异吗？于是，我精心设计了各种应对困境的策略。我已经找到了从一进门直到自己的办公桌前的完美路线，保证不会碰上任何人。下班时，我会等到其他人都走了之后再离开办公室。我还掌握了一项技能，让自己看起来像是在用手机打一通极其重要的电话。不过，如果哪天我真的精力不足，实在疲于耍这些花招了，便只能将就地选择集体问候："大家早上好！"

最近，我家对房子进行了一次重大改造，这意味着几个月里，每天家里都有建筑工人出入。家里有其他人的存在是引发我焦虑情绪的一个主要诱因，带给我不小的压力，除此之外，我还要与"打招呼"这头恶龙缠斗。建筑工人来时，按照逻辑，我应该说"早上好"，这没什么，我可以做到。但是，接下来的一整天里我该怎么办呢？我应该在每次经过他们，还有他们经过我时都说点什么吗？我要创造出多少有趣的闲聊才能撑过一整天呢？就这样，我在自己的房间里躲了好几天，连午饭也没吃。后来我受不了了，向丈夫求助，要他告诉我正确的礼仪规范。丈夫的建议是，我可以在每天早上第一次见到他们时打个招呼，之后再经过他们的时候就可以直接走过去了，因为工人们要工作，并不会期望我停下来同他们聊天。不过，如果他们问我问题或者对我说了什么，我应该回答。

★★★

我天生注重有目的性的沟通，而且总是过度专注于手头任务，再加上难以体验和理解他人的感受，于是，我总会在生活和工作中持续遇到各种困扰。工作时，如果我必须打电话向某人询问或传递信息，对话通常是这样的：

某人：你好，我是 X。

我：你好，X。我收到了你对财务数据的申请，我这里有这些数据……

某人：（同时）嗨，桑德拉，你好吗？

我：（想着"哦不，我又没打招呼"）我很好，谢谢，你好吗？

某人：我很好，谢谢。布里斯班的天气非常好，墨尔本的天气怎么样？

我：（完全被弄糊涂了，也根本不知道天气怎么样）嗯，墨尔本这里也不错。

这之后通常会有一段时间的沉默。在沉默中，我会为自己笨拙的社交技巧而自责，同时琢磨着在此时转回正题是否为时过早。

同样，当我向同事或其他工作人员发送电子邮件时，我的交流往往是简短、清晰、切题的，只传达需要传达的信息。往往在很久以后，我才意识到人们可能会误认为我很不友好或因此而不高兴。许多人会在电子邮件中添加无关信息——"希望你一切安好""今天鲜花盛开""祝你有美好的一天"，而且期望其他人也这样做。这对我来说是反逻辑的：如果我在一封电子邮件中填入大量不相关的信息，就是在浪费自己的时间写它，也是在浪费对方的时间读它，还容易导致沟通不畅。虽然我现在也会在邮件中加入这些额外的内容，但这是一种习得的行为，当我很匆忙、有压力或者全神贯注时，就很容易忘记这样做。这造成了一个恶性循环：我提醒自己要在邮件里说好话，于是人们便觉得我总是该说这些好话，而当我有一天突然忘记说了，人们便会以为他们做了什么让我生气的事。

我家最近一次装修是由一位朋友①负责的。她是一位经验丰富的室内设计师和项目经理，所以，每次卖家问我问题时，我都会说"我不知道，你得问设计师"。多亏有她在，我才得以用这句话应付了无数的问题。装修流程的每一步都是由她来负责的，她会针对重大决策征求我们的意见，但从不在小问题上打扰我们，还会定期把单据发给各方。一切都很顺利，直到儿子对我说：

儿子：妈妈，你生她的气了吗？

我：没有啊，我为什么要生气？

儿子：我不知道。她觉得你生气了，因为你从来不回答她的问题。

我：什么问题？

儿子：她发给你的邮件里的那些问题。

---

① 她是我大儿子的岳母，既是家人也是朋友。

我： 　不会啊，我确定我已经回复了她所有的邮件。

于是，我和儿子一起查看了她发给我的电子邮件。啊哈！每封邮件的开头都是一条信息，例如"橱柜已经完成"，然后是支付相关账单的请求。每一次，我都会下载账单并立即付款。我以为自己很有效率，替她省了许多麻烦。直到儿子来找我，我才在儿子的帮助下意识到，她也期待着我会回答一些与社交有关的问题，例如："你们三个最近怎么样？我希望大家都过得很好。"

★★★

每一个有哥哥姐姐的人都可能有过这样的经历：

哥哥姐姐邀请你和他们一起玩桌游。你对有机会参与感到很兴奋，但又因为不了解规则而有点紧张，担心自己如果犯了错误该怎么办。

你们开始玩了。几分钟后，其他人纷纷说道："不能那样做，你犯规了！你是傻子吗？不能那样走！"游戏结束时，你就像泄了气的皮球一样，告诉自己："我很笨，永远学不会这个游戏。他们再也不想和我一起玩了，因为我总是搞错。"

于是，你攒下零花钱，给自己买了一款同样的游戏。你仔细研究了所有的细节，并从头到尾阅读了规则手册。你试着记下每一条规则，尽管其中很多根本没有意义，有一些还相互矛盾，但你决心要玩好这个游戏，所以你记住了每一个字。

几周后，他们再次邀请你一起玩。你很兴奋，这次你不仅可以参与，还觉得自己已经对规则了如指掌了！

然而，在游戏开始的 10 分钟后，他们又说："你在做什么呀？不能那样做！"你在脑子里快速把规则过了一遍，发现自己并没有犯规。于是，你小心翼翼地解释说规则不是这样的。结果他们居高临下地告诉你："规则手册中确实没有写，但是每个人都应该知道，这是默认的。"

下次，他们问你是否要一起玩时，你拒绝了他们，说还有作业要写。

在孤独症的世界里，我们称这个游戏为"生活"。

如果你是一名非孤独症人士，想为孤独症的家人、朋友或同事提供支持，请务必记住，我们处理信息和交流的方式与其他人不同。如果我们弄错了一些社交交流和社会规范的细节，请不要直接断定我们粗鲁或者难以相处。请试着理解，大多数时候，当我们表现恰当时，其实是在有意识地控制自己，并会因此消耗大量的能量。我们在以一种对我们来说不自然，而且通常不合逻辑的方式行事和交流。有时，维持自己的社会角色这件事会让我们不知所措、心烦意乱、精疲力尽。

笔记

—16—

请不要看着我

眼神交流

    刚开始写这一章时，我很难想出一个例子来证明自己不喜欢眼神接触。这有点奇怪，毕竟和他人进行眼神接触总会让我在社交互动中感到焦虑。于是，我去问丈夫。

我： 能帮我想一个具体的例子吗？

丈夫： 你可以写写我们俩的例子。

我： 好啊，你是说，我同你和孩子们有眼神接触，但同其他人没有？

丈夫： （有点谨慎地回答）不，我的意思是，我们谈话时你经常低着头或看别处，不过我知道这意味着你在听我说话。或者，当你看着我时，我往往会把目光移开，因为这样你会感觉更舒服。

我： 哦……

这么多年来，我和丈夫在一起时总是觉得很舒服，以至于我以为自己与他有很好的眼神交流。但事实却是，丈夫并不觉得有必要指出我对他的眼神回避。

虽然眼神接触、感官刺激和社交技能这三个主题有重叠，但考虑到眼神接触在我的社交和工作互动中极为重要，而且在普通人中广为流传着关于眼神接触重要性的观点，我认为值得为眼神接触单独写一章。

眼神接触困难通常被描述为孤独症的常见症状或定义性特征，尽管也可能有很多其他原因导致一个人不进行眼神交流，例如害羞。并不是说所有孤独症人士在进行眼神交流时都会遇到困难——事实上，有些人觉得眼神接触是一件很舒服、很自然的事。但对我们中的许多人来说，眼神接触是一种挑战，每天都会影响到我们的社交互动和情绪健康。在我的家庭中，大部分成员都是孤独症人士，所有顺畅的谈话都发生在我们并排坐着的时候。丈夫在孩子们还小的时候就意识到，与他们进行有意义的对话的最好方式是开车兜风。在长途旅行时，小儿子往往会分享他最深刻的想法和观点。最近，当我们全家一起讨论这个问题时，大儿子说，在我们家里，起居区的所有椅子总是并排而非面对面摆放的。我在网上快速搜索了一下，惊讶地发现原来这并不是典型的家具布置模式！

在非孤独症人群中，眼神交流有许多明确的含义和目的：表示礼貌、表明你正在专心倾听、同你的谈话对象建立联系、加强沟通、传达诚实和信赖感，等等。用一位极具影响力的沟通培训师的话来说："眼神交流是让一个人感到被认可、理解和赞赏的最简单有效的方式。"①只不过，如果你是孤独症人士，会觉得眼神接触非常不自然、不舒服，你会感受到很大的压力，甚至是痛苦。

在成长的过程中，父母、老师不断这样提醒我，进入青春期之后，同龄人也不断这样提醒我："当我和你说话时要看着我。""专心听我说。"当时，没有人知道我有孤独症，甚至连我自己也不知道，所以他们是根据常识来教育我的：眼神接触意味着你在专心听，缺乏眼神交流则意味着你走神了。

我曾以为每个人都像我一样，觉得眼神接触是不自然和不舒服的，只是别人比我更能忍耐，受不了眼神接触是我的某种缺陷，也是我必须试着去克服的一项弱点。像许多孤独症人士一样，我学会了尽可能"假装"和别人进行眼神接触。我逐渐摸清了什么时候假装无用，以及如何强迫自己直视别人的眼睛，也接受了这样做会让我错过大部分对话的遗憾。

随着年龄的增长，我需要进行或假装进行的眼神交流越来越多了。

---

① AJ Harbinger, '7 Things Everyone Should Know about the Power of Eye Contact', *Business Insider*, 15 May 2015.

成年后，社交互动变得更频繁、更激烈、更多样化。正如我在第 14 章中讨论过的，社交互动会消耗我们大量的能量。在谈话时进行眼神交流、保持"正确"的面部表情是很难的，即使对方是我们喜欢和感兴趣的人，这样一场沟通也会给身心带来巨大的耗竭感。

★★★

当新冠疫情袭来时，墨尔本像世界上的许多城市一样进入了封锁状态，人们大部分的互动都转移到了网上，包括工作、社交、购物，甚至医疗服务。在大多数情况下，我非常享受居家隔离，因为我终于可以从持续的社交互动中解脱出来了，不用去思考是否要对街上的人微笑、应该对电梯里的人说什么，或者要分配多少时间与同事闲聊。我发现自己变得更平静、更快乐了，当然也更有效率了。在一天的工作结束之后，我往往还有足够的精力与家人互动——除了那种连开好几场会议的日子。

在线工作意味着所有的会议都变成了视频会议，突然之间，所有那些减少眼神接触的策略都行不通了。因为人们不再分散在会议桌四周，所以我无法假装看看他们的头发，看看两个人之间的空隙，移动目光，就好像我在看不同的人一样。与平时相反，那些人脸就在我的电脑屏幕上——巨大的特写，眼睛全都直视着我，也期待着我直视他们的眼睛。这只给我留下了两个选择：把目光移开，让他们觉得我没有在专心听他们说话；或者看着他们，挣扎着跟上并参与对话。如果一天有好几场会要开，到了下午我就会感到精疲力尽，根本说不出一个完整的句子，甚至无法在头脑中形成一个想法。

随着时间的推移，我制定了一系列新的应对策略，以帮助自己应付一周的工作。其中最简单、最能被社会接受的是归咎于电子设备："抱歉，我的视频卡了。""我的网速很慢，所以必须关闭视频，否则通话就会中断。"随着居家隔离的时间越来越久，我逐渐开始勇敢地告诉那些我信任的人，尤其是我的工作团队，向他们坦白：关闭视频会让我更容易集中注意力与大家互动。

最有效的策略是在开会的时候打开一个文档，这样我就可以看着屏幕，而不必看别人的眼睛，于是得以愉快而有效地参与会议。在居家隔离结束之后，我依然会在频繁参与视频会议时使用这个方法。它的好处是，对另一边的人来说，我在看文档的时候就像是在直视着他们，进行着美妙的眼神交流。然而，不利的一面是，有时我会错过一些通过视觉传达的信息，比如有人比画了一下"差不多是这么大"。

★★★

下面的表格概述了眼神接触的含义和影响在非孤独症人士和大部分孤独症人士之间的差异。

眼神接触的含义和影响

非孤独症	孤独症
传达信任感和真诚	同诚实、信任与否无关
礼貌	粗鲁并且有入侵感
代表你在专心听	让人无法专心
能够与对方建立连接	让人难以与对方建立连接
促进专注	抑制专注
表达信心	让人觉得没有自信
帮助你明白对方的想法和感受	让人难以明白对方的想法和感受
"如果我看着你的眼睛，就代表我在认真听你说话。"	"如果我没有看着你的眼睛，就代表我在认真听你说话。"

读到旨在"教"孤独症儿童或成人进行眼神交流的研究和培训计划时，我总是不寒而栗。是的，你或许可以"教"孤独症人士进行眼神交流——当然你也可以教他们说话时用一条腿站着，如果这对你来说很重要的话。但是，为什么非要强迫人们做一些完全不自然的事情来降低他们的沟通能力和互动的乐趣呢？

或许，一个更好的选择是教他们如何"看起来好像有"眼神交流，从而让其他人感到舒服，同时也不会让自己不舒服。我们中的许多人都学会了在谈话时假装眼神接触，这样对方就会认为我们在看着他们，而我们也不会感到源源不断的压力了。这些方法包括：

- 看对方的眉毛或额头

- 看对方的嘴巴或耳朵

- 戴墨镜

- 如果戴着近视镜的话，将眼镜摘下来，这样对方的脸就变得模糊了

- 进行间歇性的短暂目光接触

当然，还有一个更好的选择是对公众进行科普，让大家知道：眼神接触对许多孤独症人士来说既不自然也不必要，反而会影响我们对谈话的参与和理解。

笔记

—17—
为什么会有人这么坏
霸凌与戏弄

　　我曾经负责管理一个研究中心。员工们都很棒，他们非常投入地工作，彼此友善，办公室里的氛围总是很愉快。随着中心越来越成功，项目越来越多。于是，我们需要再招聘一位高级学者。经过广泛的搜索，我们找到了一位背景合适，而且对这个职位很感兴趣的女士。虽然我感觉哪里有点不对劲，但她的简历十分出色，而且那个时候我们真的很需要人手。在我还有些犹豫时，她告诉我，由于她之前所在的研究团队是由男性主导的，她作为一个女性遭到了很不公平的对待。听她这么说，我一下子燃起了正义感，立刻决定聘用她。在她正式加入我们的团队之前，我向她曾经的同事核实她的工作经历，结果他们都建议我要对她保持谨慎。当时，我只是将这些人的态度视为她遭到了欺负的证据。

于是，她就这样加入了我们。最初几个月，我的体验非常好：她很聪明，而且雄心勃勃，我很开心能有个人和我交流各种各样的科研想法。然而，事情渐渐开始变得不对劲了。起初只是一些非常微妙的细节，我以为是自己多想了。比如，她总是在会议上打断我，但我猜她可能只是有点紧张；她闯入了一个并未邀请她参加的会议，但我想她可能只是太尽职尽责了。然而，在接下来的几个月里，这类事件升级了。她不仅强行参加自己不该参加的会议，还篡改会议的日期和时间，或是向其他参与者发送邮件，为自己未参加会议而"道歉"，并声称是我故意把会议安排在她家里有事的时间。她把批评我的电子邮件抄送给了许多人，指责我召开会议、开展项目、撰写论文或管理员工的方式。然后，我还发现这位我亲自招进来的新员工试图挑拨我与老同事的关系，编造一些不实的内容，指控我用各种方式虐待她。

　　很快，我们越来越清晰地看到了她是怎样有意离间团队成员的关系的：谎称同事们互相在背后讲坏话，抢别人的功劳，恐吓和贬低新来的同事，如此等等。事情发展到了令我害怕去上班的程度。我试图安慰团队成员，保护大家免受她的伤害，但我能做的很有限，只能重新安排团队或者重新分配一些任务。而我保护自己的方式更加有限。那段时间里，每天都有新的麻烦——同事被气哭，合作者退出项目，还有同事突然取消和我的会面，有人发邮件批评我的管理方式。我变得焦虑、沮丧，想要远离所有人。

　　我向上级寻求帮助，但他对我的担忧不屑一顾，只是告诉我应该"去海边散散步"。当然，没人相信我作为主管会被下属欺负。最终，事态升级到了需要执行调查的程度，这个人最后被调去了另一个部门。问题就这样"解决"了。在接下来的几个月里，我的团队渐渐从创伤中恢复过来，而我仍然会在夜里惊醒，反复思考自己本可以做些什么来让事情变得不同。

很不幸，大多数孤独症人士都经历过被欺负、戏弄、折磨或操纵的悲剧。无论是在学校、工作还是人际关系中，从别人发现我们"不同"的那一刻起，这些差异就使我们成了众矢之的。而且，我们中的许多人缺乏对他人动机的洞察力，也就是说我们通常意识不到自己是被攻击的目标。

我的小学时代相对"安全"，因为小学生的霸凌通常是低调、微妙的，很容易忽视。是的，其他孩子称我为"书呆子"或"老师的跟屁虫"，但我将这些标签视为荣誉勋章而不是侮辱。当然，其他孩子不愿意带我一起玩，也不让我和他们坐在一起吃午餐，但我不在乎，因为我在图书馆里看书和在幻想世界漫游要快乐得多。

等到上了中学，一切就变得不同了。原本轻微的"挑逗"变得更认真、更激烈了。我的社交技能与同龄人之间的差距越来越大，就这样，我成了"坏女孩"的玩物。在青春期，社交规范变得比小学时更加重要了，而我对它们的误解却更深了，于是，我的失态也就越发明显和令人尴尬。在学校里，有十几岁的我，那个喜欢学习、在学校表现很好、不追随时尚、不和其他人读同样的书或看同样的电视节目、对化妆和八卦不感兴趣、听不明白微妙的评论和影射的我，还有其余的所有人。

比较小学与中学的霸凌，最大的区别在于后者的强度和侵略性。在小学，霸凌者只会出现在操场上，以及老师不在时的教室里。然而到了中学，他们会一直跟着你到储物柜前或洗手间里，会在放学回家的路上等着你，会在你的书上或桌子上写东西①。在小学，我通常能弄明白自己为什么被欺负，因为规则相当简单，而且侮辱是很直接的。然而到了中学，霸凌就像一个设计得很糟糕的猜谜游戏：我听到人们在窃窃私语，可是无论怎样拼命思考自己又弄错了什么社交规则，或者又在无意中冒犯了谁，我总是得不到答案。

我还记得有一天放学回家时，发现一群在学校颇受欢迎的女孩早已恭候我多时了。我的回家路线要穿过相对隐蔽的议会花园，然后经过当地的购物中心。但是，那些"酷"孩子通常会在购物中心闲逛，所以当我看到她们聚集在一张餐桌旁时，顿时感到一股恐慌从心中升起。事后看来，我当时本应该转身就跑。但那时的我太天真了，以为她们只不过会像平时一样嘲笑我的头发、衣服或者说话方式。然而，事实并不是这样。这次的霸凌是暴力的，我没有料到拳头会落到自己身上。没等我从第一拳的震惊中缓过来，接下来的殴打又纷纷降临了，我躲无可躲。在

---

① 谢天谢地，那个时候还没有社交网络，霸凌不会一直跟着我直到卧室里。

打了几下之后，她们很快便觉得无聊了，朝我吐了点口水，发出一阵笑声，随后走远了。我在草地上躺了一会儿，思考着自己到底是有多么十恶不赦，才会得到这样的报应。终于，一位和蔼可亲的老太太走过来，扶起我，带我去了警察局。警察打电话给我妈妈，妈妈把我接回了家，尝试用各种方式来安慰我。第二天一早，妈妈就打电话给校长。于是，欺负我的女孩们受到了训斥，小团体的头目被勒令停学。从此之后，这些女孩没有再对我进行过身体上的攻击，但她们折磨和欺负我的方式变得更为隐蔽了。

作为父母，当我看到自己的孩子经历类似的霸凌时，总是心痛万分。我的一个儿子曾经历了社交上的霸凌，这样的霸凌从各方面来说都比肢体暴力更令人痛苦。其他孩子惯于利用他的同情心和天真来戏弄他。在他遭受的霸凌中，这样的情况最常见，持续时间也最久。记不清有多少次，我在他回家时发现他的学习用品一个都不剩了，因为"有一个同学没有铅笔，他真的很伤心，要我把自己的给他"；或是他没有吃午饭，因为"班上有人需要我的午餐钱"。如果这些都是一次性事件，我可能会像他一样相信那些孩子的谎言。但这样的事情每周甚至每天都会发生。后来，儿子的社会正义感越来越强了，这也就意味着霸凌者会越发利用这一点来操纵他。不久之后，恶霸们发现，如果他们声称自己是受害人，我儿子就会试图救助他们。比如有人会说："那个老师对我很刻薄，把我弄哭了——你能帮我打他吗？"

★★★

还在上学的时候，我总是迫不及待地想快点毕业，我的儿子们也一样。因为我们相信，如果不需要再去上学，我们也就不会再被欺负了。我坚信，成年后情况会有所不同，因为成年人忙于过成熟的生活，无暇浪费时间折磨和欺负他人。然而我错了。

本章开头提到的经历只是我作为"成年人"经历过的众多霸凌之一。霸凌并非任何文化、社会环境或神经类型所独有，但孤独症人士的特质让我们特别容易受到攻击。在一个重视同一性、反对差异的社会中，我们是"不同"的。

我们有不同的交流方式——我们不喜欢眼神交流；我们或许过于直率；我们倾向于长篇大论地谈论自己感兴趣的事情；我们可能无法理解非言语的暗示；我们不会和别人闲聊；我们有时会忘记打招呼或说再见。

我们还遵循着各种各样的规则和生活惯例——我们可能无法理解社交规范；我们可能会为谈话的"规则"而苦恼，不明白为什么要轮流讲话、怎样才能说得足够多但又不算太多；我们可能需要以特定的方式做事，并期望其他人遵循相同的规则和流程。

我们有不同的兴趣——我们可能对一些事物充满热情，然而根据我们的年龄或具体情况，这些兴趣会被视为"不正常"；我们也可能对符合主流价值观的东西兴趣不大，比如体育、八卦、真人秀等。

也许最重要的是，我们难以洞察他人的动机和操纵手段。为什么我没有意识到我雇的这个人会给我带来如此多的痛苦呢？为什么我没有听从别人的劝告？当她第一次攻击我时，为什么我没有察觉到蛛丝马迹？为什么我没有采取行动来保护自己？这些问题的答案是，我来自一个所有人都诚实、讲道理且可预测的地方。我不会"搞人际关系"，或是以牺牲其他人为代价来提升自己的职业地位，因此也想不到其他人会这样做。我通过自己的视角来解读他人的行为，所以，当我善待的人对我不好时，我会感到困惑不已。

我从自己的遭遇中学到了什么吗？我在努力尝试。我向自己保证：将来我会更加努力，更加小心，更快地察觉到蛛丝马迹；我会减少对他人的信任，更加谨慎。然而，这些有用吗？是有一点用，但下一次，我仍会发现自己陷入了同样的境地。

笔记

—18—

请问你是······

面部识别困难

　　我的工作经常需要出差，所以我有许多时间是在机场休息室里度过的。我是一个焦虑的旅行者。我怕的并不是坐飞机，而是日常生活的改变和所有可能发生的意想不到的事情。所以当我坐在机场的休息室里时，要么是在担心将要去的地方，要么是因为刚去过的地方而精疲力尽。无论处于这两种状态中的哪一种，我的社交能量都已消耗殆尽了。

　　某一天，我坐在悉尼的机场候机室里，等待航班。我遵循着自己的日常惯例：找一个离其他人比较远，并且保证可以看到公告屏幕的地方坐下。我给自己拿了一盘胡萝卜和芹菜，泡了一杯薄荷茶①，拿出笔记本电脑开始工

---

① 我本来更喜欢喝加了奶的红茶，但是机场把不含乳糖的牛奶放在了吧台，如果我去拿的话，就不得不和其他人互动，所以我放弃了。

作。那天的休息室里很满，只有长桌那里有一个空位。我刚坐下不久，邻座的人就对我说：

某人：你的航班是几点？

我：　6 点 45 分。

我说完以后，这个人仍然一直看着我。显然，对方在期待着更多的交流。

我：　（遵循着自己学到的社交规范）你几点起飞？

某人：7 点 10 分。我要去布里斯班参加培训课程，你要去哪里？

我：　回家。

某人：哦，对了，你住在墨尔本。

说完之后，这个人继续期待地看着我。在沉默中，我的大脑在"这个陌生人怎么知道我住在哪里"和"赶紧想应该说点什么"这两种思考之间反复切换。

我：　你笔记本电脑上的键盘膜很漂亮。

某人：我在网上买的，有很多不同的颜色。

我：　我喜欢这个。我最喜欢的颜色就是粉红色。

某人：我知道。

我又开始思考一个完全陌生的人怎么会知道我最喜欢的颜色，于是我们再次陷入了尴尬的沉默。

某人：你是不是不知道我是谁？

我：（已经聊了这么久，我实在没法继续假装下去了）抱歉，我确实不知道。

某人：我是北悉尼校区的奥利维娅 ①。

我：对不起，我没认出来……今天事情太多了，我没注意……

我一直很难辨认出人们的面孔，不管是偶然相识的人还是老朋友与同事。尤其是在常见的场景之外碰到他们时，我就更迷茫了。我很羡慕那些在街上偶遇某个小学同学时能立即认出他们的人。对于邻居，如果不是在他们自己的房子或院子里见到，我就认不出他们。对于朋友或同事，如果是在与平常不同的环境，例如在商场里见到，我也认不出他们。当他们装在不同的"容器"里时也是一样，这是指如果他们平时都是穿西装，而在遇到我时却穿着休闲装。

记得有一次，我和丈夫一起去机场接我父母，我当时已经一年多没见过他们了。我们和其他人一起在门口等着，看着人们从海关出来。当我们扫视人群时，我说："看，那边那个人的衬衫和我爸经常穿的一样。"结果丈夫回答说，这是因为"那边那个人"就是我爸。

---

① 出于对当事人的保护，这里使用化名。

在非正式和正式场合，我都很难认出别人，这大大增加了我的社交焦虑。我害怕聚会、社交、公司晚宴、各种活动，它们就像一场我注定会失败的考试。我最不喜欢的问题是："嗨，桑德拉，你见过 X 了吗？"我看着站在对方身旁等待介绍的人，大脑在"没见过"和"见过"两个答案之间挣扎。二者同样糟糕：如果我确实见过却回答没见过，会显得很冒犯；如果我没见过却回答见过，则会让对方感到困惑。于是，我倾向于顺其自然。往往在我说出"没见过"时，对方却会同时答道："是的，我们上个月在一次会议上见过面 / 在同一个单位工作了5 年 / 其实是邻居。"于是，我学会了含糊以对："嗯，我们……"并期待着得到一些细微的线索将谈话继续下去。

正式场合就更可怕了。我一直害怕正式会议，因为我必须在房间里认出某个人，例如别人会告诉我"X 教授会在餐厅见你"。我也害怕大型会议，因为我明确地知道这个房间里的所有人自己都见过，但环顾四周时，我依旧分不清谁是谁。于是，去参加会议之前，我会在网络上搜索所有人的照片，无论是新人还是我见过很多次的人。我就是用这种方式来更新自己对面孔的记忆的——所以我很讨厌有人不及时更新头像！对于大型的群体会议，比如给一整个班级的学生讲课或参加高级管理会议，我会提前把人们的头像打印出来，标好姓名，放在我的会议文件夹前面，这样就可以在分不清他们的时候偷偷看一眼了。

我知道，辨认不出对方的面孔是一件挺伤人的事情。尤其是当人们向我微笑或在房间里遥遥挥手却被我"忽略"时，他们会觉得我粗鲁或冷漠。我无意冒犯任何人。在大半的人生历程中，我只是把面孔识别上的困难视为自己的诸多缺陷之一，认为自己也许只是需要更加努力。

后来，我在去见心理治疗师时再次意识到了这个问题，那大概是我们的第 20 次治疗。我走进诊所，来到前台，在一般性的简单打招呼之后，我说："我要见劳拉。"而桌子后面的这个人回答："嗨，桑德拉，我就是劳拉。"

那一刻，我感到羞愧万分。在我对面的，是我曾与之分享最深切的想法和感受的人，她给予了我那么多的帮助，让我更深入地了解自己，而我却没有认出她来。我尴尬得要钻到地缝里去了，但劳拉却连眼睛都没有眨一下。她告诉我，很多孤独症人士都有面部识别困难，所以我才会在换了一个场合之后就认不出她了——我们通常在她的办公室里见面，而那天她却在前台。

就这样，我对脸盲症（面孔失认症）有了更多的了解，也知道了它在孤独症人士中的普遍性，于是我逐渐接受了自己的问题。这并不是我的失败，也不是一种可以通过更加努力来"修复"的缺陷。因此，我能够更加坦诚地告诉他人我的面部识别困难了。

我已经向关系较好的同事和公司的工作人员解释了为什么我在办公室外会无法认出他们。如果我与交谈中的另一方彼此认识，我会说自己有脸盲症，然后大方地询问对方的名字；一旦我知晓了他们的身份，便可以回想起之前曾有过的交流。如果我第一次和某些人见面，而且意识到自己还有可能再次见到他们，那时他们会因为我认不出他们而受到冒犯，便会在谈话中有意无意地谈到自己不擅长辨认面孔①。在我做出了这些改变之后，尽管那些尴尬的社交时刻还是会时不时出现，但已经比之前好很多了。

几周前，当我在自助餐厅里遇到自己团队中的一位同事时，我意识到了这种坦率的价值。对方读懂了我在看到她时脸上出现的茫然，于是便向我说道："嗨，桑德拉，我是埃莉诺。"

除了无法辨认面孔，我还发现自己不会描述一个人的样子，哪怕是我非常了解的人。我对他人的描述只限于那些对我而言很突出的特征。如果我在出门时和同行的人走散了，需要向别人描述对方，我会感到极度的焦虑。在商店里找不到我丈夫时，我和路人的对话往往是这样的：

好心的路人：他长什么样？

我：　　　　他很高，比我高 30 厘米。

好心的路人：他的头发是什么颜色的？

我：　　　　嗯，有点黑，我想，或者可能是棕色。

好心的路人：他的眼睛是什么颜色的？

---

① 我并不是对自己见到的每个人都这样做，这个方法只用于那些如果我认不出对方就有可能遭到损害的关系。

我：　　　　　我不确定是什么颜色，但他的眼睛看起来很善良。

好心的路人：他有没有文身、疤痕或其他特征？

我：　　　　　应该没有。我确定他没有文身，因为他不喜欢文身。他的发型很可爱，因为他有点秃了，但是头顶还有一撮头发，如果那撮头发长得很长，看起来就像一个角。

必须澄清：我非常爱我丈夫！他让我感到安全、快乐和放松，我根本无法想象没有他的日子。只是，请不要让我描述他的样子①。

---

① 我也很难描述自己。我身高 1 米 6，头发是粉色的。然后我就不知道还有什么可以说的了。

笔记

—19—

我想一个人静一静

独处的需要

　　我为加拿大的一个组织工作过几年。大部分工作是通过电子邮件或视频会议完成的，但我也需要每年前去加拿大举办一次工作坊。第一次去的那一年，我感到很累。这并不是因为工作坊本身——我可以就自己感兴趣的事情聊上几天，而是因为组织者做了太多希望让我感到"受欢迎"的事情。其中包括早茶、午餐和晚间聚餐，还有一群负责招待我的人。他们似乎觉得，只要让我独处超过15分钟就是冷落了我。于是，每天结束时我都精疲力尽，恨不得立刻回到酒店房间里自己静一静。我需要说明的是，他们都是很友善的人，但人真的太多了，而且他们与我进行了非常非常多的对话。

　　当我准备第二次访问时，一位我在上次见过的女士建议我不用住酒店，可以住在她家里。这位女士非常友善，和我有共同的笑点，而且也很爱看书，但我听完建议后惊慌失措。因为我知道自己不可能和她待在一起，如果住在她家，我就彻底失去了独处的机会。不过，我也知道自己没法直接告诉她我宁愿住酒店，这太不礼貌了。到底该怎么办呢？我找了各种各样的借口，然而，她对我的每一个借口都给出了相应的解决办法。最后，我不得不说自己有"某种难言之隐的疾病，没法与其他人共用一个卫生间"。我不知道她以为我所谓的难言之隐到底是指什么，但她接受了这个理由。也可能是因为她太礼貌了，所以没有再问我更多问题。我松了一口气，欣欣然预订了酒店。

社交互动需要消耗能量，哪怕是最愉快的社交互动也不例外。社交互动消耗的能量受到一系列因素影响，分为社会和环境因素。社会因素包括我正在与谁互动、有多少人、互动持续多长时间、互动的结构化程度和可预测性，以及我觉得自己需要掩盖多少孤独症特征。环境因素包括互动的地点、我对环境的熟悉程度，还有环境的亮度、嘈杂程度、气味，以及存在多少干扰因素。此外，互动的次数和持续时间，以及两次互动之间的"恢复时间"长短，也会影响我度过一天所需的能量。

一旦"社交电池"耗尽，我便需要远离他人来给自己充电。多年来，我一直将自己在社交后的耗竭视为"我不够好"，于是会强迫自己在电池耗尽后继续强撑，却没有意识到这一切只是孤独症的正常表现。在电池耗尽后，我只能启用自己的"备用电池"来维持社交，也就是利用我原本用来思考、进食、保持冷静和健康所需的能量。

我也希望自己能在下班回家后蹦蹦跳跳地进门，拥抱丈夫和孩子，带着狗绕着街区跑一圈，停下来和邻居打招呼，然后给姐姐打电话问问她过得怎么样。很可惜，我不是那种人。一天结束后，当我终于回到家里，早已累得步履蹒跚，需要花时间独自静一静，给电池充电。幸运的是，两个儿子和我一样需要独处的时间，我还有一个可以接受这一切的丈夫。我们家的房子完美地满足了大家的需要。每个人都有属于自己的卧室、卫生间和起居室。在私人空间之外，我们还有共享空间。在共享空间里，我们可以聚在一起，真正享受彼此的陪伴。

还有一个很好的例子可以证明丈夫很理解我。我们的结婚纪念日是在每年1月，庆祝的方式是借着购物的名义去墨尔本旅行几天。我确实每次都会买东西，但更主要的活动就是待在酒店房间里。我会连续在房间里待上三四天，享受独处的感觉，想吃的时候就吃、爱吃什么吃什么，想睡的时候就睡。我可以尽情地转圈、唱歌、跳跃，或是沉浸在寂静中。很难描述那三四天的独处时间对我而言是多么神奇。在那三四天里，我知道自己不必去见任何一个人，也不必与任何一个人交谈。我不必成为自己以外的任何人。

这个例子也可以很好地证明其他人有多么不理解我。没过多久我就意识到，当人们问"你丈夫给你买了什么圣诞礼物"，而你回答"他让我一个人在酒店里住了4天"时，他们并不会意识到这是一份美妙而贴心的礼物。相反，他们会很担心，还会询问我的婚姻是不是出了问题。

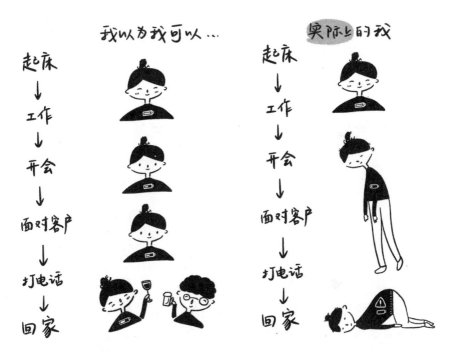

★★★

确认自己患有孤独症的积极方面是，我开始倾听自己身体发出的讯号了。当身体说它承受不住时，我就会停下来。我本应该早点意识到，无论做出多少"尝试"，我也无法改变自己的大脑和身体处理信息的能力。如果早点停下来，我就能少受几十年的头痛、胃痛、病毒感染、抑郁和耗竭感的折磨。

我一点点地做出了越来越多的改变。如果收到一项活动的邀请，我会查看行程表，并在脑海中算出自己将在这一天里消耗多少社交能量。如果整个上午都要开会，我就会尽量腾出下午的时间在办公室里安静地工作。如果一整周都在开会，我就不会在周末制订任何社交计划。我开始用温和的态度对待自己，并且尝试着不再为拒绝邀请而愧疚。

★★★

我们家的布置有些不同寻常，却与我们非常适配。每个人都拥有房子的一个分区，包括独立的卧室、卫生间和起居室。这个分区是"专属"的，在那里我们可以独处，做一些让我们感到平静和快乐的事情，而不会被彼此的存在打扰。房子的中央则是全家人的共享空间，包括厨房、餐厅、休息室，我们在这里共度时光，享受彼此的陪伴。我们家的起居室比卧室还多，这对其他人来说可能很奇怪，但对我们来说是必要的。

在墨尔本因新冠疫情而封锁期间，我发现自己不必再为每天通常的社交互动而耗尽精力了。每个工作日，我都在自己的起居室里用电脑办公，参加线上会议。一天结束时，我调暗灯光，花一个小时玩拼图游戏或看书，然后走进共享空间，与家人共度夜晚。

★★★

从公公离世开始，婆婆每年都和我们共度圣诞节，一直持续到现在。我爱婆婆，但她的到来真的会给我带来巨大的压力。对我来说，只要有另一个人出现在我们家里，就意味着我必须戴上面具：我必须隐藏自己的癖好，必须进行交谈，必须记住并遵守与客人互动的社交规范。丈夫总是说我应该就像往常一样，如果电池没电了，就不必强迫自己继续社交。但是，多年遵守的社交规则告诉我，必须"热情款待客人"，不能让客人感到无聊。

然后有一年，丈夫向他母亲解释说，我需要空间独处。令我惊讶的是，婆婆并没有被冒犯：她理解并支持我。她完全不介意我在自己的房间里待上一天，或者离开家去市中心，以此避免同时燃烧能量来工作和招待客人。

★★★

我很难向非孤独症人士解释，为什么每一个"人际交往小时"都需要另一个或更多的"独处小时"来平衡。显然，大多数人通过与家人通电话、与同事喝咖啡或与朋友外出就餐来获得活力。于是，如果我不愿意做这样的事情，就会被视为不够关心他人，或过于冷漠。当我拒绝与老朋友外出吃饭时，当我几周甚至几个月不给家人打电话时，并不是因为我不关心他们，而是因为我没有精力再去伪装自己了，没法再遵循社会习俗，试图理解语调和肢体语言，保持"我正听着呢"的表情，保持兴奋……

我认为，如果非孤独症群体真正理解我们的局限性，不再被冒犯，并支持我们按照自己的方式进行互动；如果我们足够勇敢，学会用恰当的语言告诉别人我们需要什么——那么，孤独症人士就可以获得更好的社会联结。我可以对丈夫说"我只需要一个人在起居室里坐几个小时"或者"我现在没有精力和你通电话"。如果他说他要去购物，问我要不要一起去，我也可以说"不，谢谢"而不必担心冒犯到他。我和两个儿子的关系也是一样，除非我们之中的某个人正在谈论自己的特殊兴趣，在这种情况下，我们会过于沉迷，以至于忘记另一个人有时需要从社交中逃离。

不幸的是，大多数关系并非如此。如果有人邀请你共进晚餐，但是当主菜上桌时，你的能量已经消耗殆尽了，依照社交规范，你并不能因此提前离场。如果有人打电话找你，希望和你聊天，但是聊天既会消耗社交能量，又带有不确定性——我需要讲有趣的东西、需要提供信息，但又并不能确定对方想听什么、通话会持续多久。所以，无论电话的另一端是谁，只要铃声一响起，我就会开始焦虑。不过，也存在例外。有一个学员，我每个月都会和她通一次电话，她也有孤独症。我从来不觉得我们的谈话会带来压力，因为我们有一个共同遵守的流程。我们会约定好通话的时间，她正好在那个时间来电；我们也会确定要谈的内容，并接受双方都会有片刻的沉默；最后我们会在约定的时间结束对话。

如果你不是孤独症人士，但想增加自己与孤独症朋友或家人的互动，以下是我给出的几点建议：

- 给他们发消息，商议一个时间来聊天，而不是直接打电话。
- 告诉他们你会把对话限制在 10 分钟之内，并遵守承诺。
- 如果他们想要换个时间聊天，这意味着他们的社交电池已经耗尽，请接受这个事实。这并不代表他们不喜欢你。
- 在提出邀请的时候，确定好时间参数，而不是给他们一个不确定的时间。
- 请告诉他们，无论活动持续多长时间，如果他们感到精疲力尽，就可以早点离开，绝无例外。
- 提供一些其他帮助，以减少可能耗费他们能量的事情。比如，你们可以选择一个安静的地方就餐，或者在他们来家里吃晚饭时把灯的亮度调低一些。

笔记

—20—
不要碰我的东西
物品依恋

小时候，我有一只非常喜欢的泰迪熊。它已经很旧、很破烂了，也早已无法发出声音。我的家人给它取名为弗雷德（英文"破旧的泰迪熊"的缩写）。它总是穿着一条工装连体裤、一件花衬衫，脚踏一双带扣的皮鞋。

我还记得自己发现它失踪了的那一天：我放学回家后，到处都找不到它。关于它的失踪，有几种可能的假设：我首先想到的是我弟弟。弟弟很可能"借"走了它，然后不小心把它忘在了公园里。但我没有证据。我们从未解开弗雷德的失踪之谜，当然也再没有把它找回来。

家人安慰我说，虽然它丢了，但这不是什么大事，因为当时的我已经是个大孩子了，不该再玩泰迪熊了。我对于泰迪熊来说"太老了"。然而在我眼里，弗雷德的失踪是一场巨大的灾难。弗雷德是我的熊，而它不见了。我从它失踪的那天起就一直在寻找它，直到今天都没有放弃。我会定期查看商店和市场的玩具区，每次看到在 eBay、Facebook 或当地市场上出售的旧泰迪熊时，我都会仔细查阅照片，看看其中有没有弗雷德①。

我对物品有很强的执念。如果这个东西属于我，你就不能碰，如果你碰了，我会很紧张；反之，如果这个东西是你的，那么哪怕你说没关系，我也绝不会去碰。如果我的东西被损坏了，我会伤心欲绝；如果你的东西被损坏了，我会为你感到心碎，而且，如果损坏它的人是我，我会背负几十年的罪恶感。

我一直都是这样的。小时候，我不喜欢其他孩子碰我的玩具；当姐姐为我"收拾"房间时，我很不高兴；如果有人打开我卧室的抽屉或者翻我的书包，我会感到被侵犯。十几岁的时候，我不明白其他女孩怎么会喜欢和自己的朋友交换衣服或分享口红②。

很长一段时间，我认为这代表我不是一个好人——根据社会的普世价值观，友善的人应该懂得分享，坏人则不会分享。我坚信自己有一个肮脏而自私的灵魂。

---

① 我知道自己的行为很荒谬：我已经搬到了这个国家的另外一边。而且 45 年过去了，一只那么老的熊很可能早已经化为尘土了。
② 哪怕共用化妆品不存在感染风险也一样。

这并不是说我是一个守财奴，或者我不想让别人开心。我很乐意为慈善机构捐赠物品，或是为此付出金钱和时间。我会很高兴地把东西送给有需要或者很想要它们的人。如果你喜欢我的包、发夹或三明治，我会很乐意给你再买一个，但我不会主动把自己的给你。

我的两个儿子都对所属权有着同样的执念，他们都不喜欢别人进入他们的房间或触摸他们的东西。小儿子热爱收集变形金刚。他有数百个变形金刚模型，有些装在盒子里，有些摆在架子上，还有一些正在被他改装成新作品。他会很高兴地向大家展示自己的收藏，并花上几个小时解释人物和故事情节。但是一旦有人碰了他的变形金刚，我能看出他心中升起的焦虑：我可以看到他在抽搐，因为他的内心正在经历强烈的挣扎。

他想要立刻阻止别人的手，但同时也意识到自己应该保持"礼貌"。我对此完全能够理解。如果有人来我们家，特别是如果他们带着小孩，我会明确地告诉他们，除非得到我儿子的明确允许，他们只能看，不能摸。

而我丈夫却正好相反。如果他不在房间时，他的手机响了，我会在他回来后告诉他有一通未接来电。我不会接他的手机，甚至也不会去看屏幕上显示是谁打来的，不管丈夫多少次向我保证这是一件"正常"的事情。我的大脑告诉我：这是他的手机，所以其他人不应该碰它。如果丈夫的邮件寄到家里，可能会被放在那儿几个月。丈夫觉得，如果这是什么重要的东西，我一定会打开的，所以他总是把包裹扔在那儿，然后就忘了。在他看来，这是寄给"我们"的邮件。他告诉我，因为我是两个人中更有条理的那个，所以应该由我来拆邮件。但是，我的大脑告诉我：这是寄给我丈夫的，所以只有他才可以打开。

★★★

有一天我想到，我和儿子这些孤独症人士，同我们的所有物之间有着一种特别的关系，这对丈夫这个非孤独症人士来说是很不可思议的。于是，我在网上搜索了"物品依恋和孤独症"。那里白纸黑字地写着，我们并不自私，我们只是正常的孤独症人士！我们需要这些物体准确地保持在同一个位置上，保持原样，这样才能在一个经常让我们感到混乱的世界中获得稳定感。我敢肯定，无论神经类型如何，大多数人都会对某些物品有所依恋，如果有人触摸这些物品，他们也会感到不舒服。然而，对于大部分孤独症人士来说，这种感觉远不止是不舒服，而是一种严重的焦虑。

儿子不喜欢别人碰他的变形金刚，因为如果它们被移动、调整或损坏，让他感到"安全"和舒适的物品就会变得不可控。我不希望有人碰我的洋娃娃或书籍，因为只有看到它们好好地待在原地，我才能体验到幸福感和平静感，而我需要通过这些积极的感受来对抗生活中其他那些我无法控制的事情。

休息室左边的扶手椅是"我的椅子"，如果有人坐在上面，我会感到非常焦虑。那个粉红色的咖啡杯是"我的杯子"，如果有人用它来泡咖啡，我会深深地感到自己被背叛了。有个朋友非常想要我的一个白色小橱柜，它一直在我家闲置着，却与她家的家具很相配，于是我丈夫把那个橱柜送给了她，而这件事让我沮丧了好几个星期。

我知道，在其他人看来，这些事也许都很荒谬。但对我来说，"我的椅子""我的杯子""我的橱柜"是给我带来安全感的锚——这些稳定的小碎片让我感到安全，在这个看起来莫名其妙的世界里为我提供了控制感。

★★★

当婆婆来看我时，我最大的压力源是她喜欢"做事"；她有一种不可阻挡的需要，必须保持活跃，做一些有用的事。通常，这意味着她会重新整理橱柜或整个房间，对各种东西进行分类、清洁、移动。这对我来说太难以忍受了。我的焦虑情绪逐渐蔓延开来，最终，我们吵了一架。

在她最近一次每年一度的圣诞节来访之前，我和心理治疗师进行了一次会谈，讨论了这件事让我多么不安，以及我如何才能更好地处理它。治疗师指出，我对自己的物品有依恋、我害怕改变，这些都是孤独症的常见表现，所以，我不太可能改变这些反应。于是，我想出了一个计划。我列出了一些需要做的事情，请婆婆只做这些，而不要触碰我的其他那些珍贵的所有物。我和丈夫分享了这个想法，他若有所思地点点头，然后问道："但是她只要两天就能完成清单上的所有事情了。在这之后你要怎么办呢？"

丈夫说得很有道理。于是，怀着忐忑的心情，我给婆婆写了一封信。我在信中解释说，我不喜欢别人触摸或移动我的东西，会对此感到焦虑，然而这是我固有的一部分，我无法改变。我感谢她的好意，也欢迎她的到来，但我需要设定一些界限，有一些东西是她不能碰的。随后，我简单介绍了家里的"禁区"，包括我的卧室、浴室、顶层起居室、玩偶和工艺品储藏室。

这是一个多么大的改变啊！我们之间再也没有压力、没有紧张、没有争论了。婆婆一直忙于整理房间，修剪花园，打扫休息室。我知道自己可以在想出去的时候就出去，想回来的时候就回来。我来去自由，"我的空间"也不会受到影响。如果我想一个人待着，可以坐在任何我想坐的地方。唯一的遗憾是，几十年前的我没有足够的勇气早点告诉她我的感受。

★★★

我想，孤独症群体需要找到一些方式来解释为什么我们会有这样的感觉；我们也需要知道，如果有人碰了我们的东西，那些负面的反应既正常又合理。这对于我们的自我理解，以及他人对孤独症群体的理解都非常有帮助。我现在知道了，自己并不是一个自私的人。很多人都说我既慷慨又富有同情心，他们说得对。和儿子们一样，我很乐意奉献出自己的时间、金钱和资源，但我会坚持保护那些让我在这个世界上感到安全和稳定的东西。

笔记

如何度过关键的人生阶段

—21—
约会与恋爱

我的第一段"恋爱"发生在大约14岁的时候。当时我的姐姐沉迷于开派对。有一个周末，父母不在家，于是她便邀请了一群朋友过来。那天是我第一次喝酒——这是另一个故事了。我作为边缘人士，在一旁畏首畏尾，既不想"错过"，又不知道如何融入。一个叫戴夫的男孩主动走过来和我说话，那一刻，我真的受宠若惊。他居然看到了我，看见了这个比其他人小两岁的不合群女孩。没过多久，我们就接吻了——我的初吻！我对当晚剩下的部分只有一些模糊的记忆，只记得自己感觉十分难受，头重脚轻。

我的孤独症逻辑是：男孩遇见女孩；男孩亲吻女孩；男孩和女孩从此过上幸福的生活。在我看来，接吻之后，戴夫就是我的男朋友了。我们上的是同一所高中，在我的理解里，恋爱关系就应该是这样的。每次午休的时候，我都会出现在他和他的朋友们附近，沉浸在自己有一个男朋友的美好感觉里。孤独症人士的另一个秘密是，我们喜欢像电影脚本一样固定的对话。因此，每天我见到他时，都会献上同样的问候："见到我你一定很开心吧？"直到现在，我在写下这些文字时依然尴尬到浑身畏缩。在当年的那些时刻里，他和他的朋友们一定觉得我非常奇怪。但当年的我深深相信自己这套"男孩遇见女孩……"的逻辑。

同样的情况持续了几个星期。回想起来，戴夫真的是一个非常善良的16岁男孩，能忍受我那么长时间的骚扰——要么是他善良，要么是他和他的朋友们把我当成了一个笑话，直到新鲜感消失。不管实际情况是怎样的，终于有一天他受不了了。那天，我一如既往地献上了"见到我你一定很开心吧"的问候，戴夫清楚地向我解释说，不，他一点儿也不开心，事实上，他更希望以后再也不要见到我，这样才会更开心。我崩溃了。这是我的第一个男朋友，而他仅仅过了几周就毫不客气地把我甩了。

如果说社交关系对孤独症人士来说是烫手山芋，那么恋爱关系简直就像让我们闭着眼睛、穿着13号①靴子穿过雷区。在本章中，我将分享自己的一些痛苦回忆作为例子。这并不是因为我想让自己难堪，而是因为如果你心爱的人是孤独症人士，或者你想要支持这个群体，就需要知道，我们难以察觉和理解基本的社交线索，所以经常会陷入社交困境。

---

① 相当于47.5码，即长度29厘米。——译注

十几岁的时候，我害羞、古怪而且不善于社交。我没有亲密的女性朋友可以为我提供恋爱方面的建议，所以，我只能通过阅读简·奥斯汀（Jane Austen）的小说和观看综艺节目来学习约会的"规则"。时光荏苒，我结束了青春期，进入成年期。在这期间，我"心碎"了好几次，与此同时，我也让好几个人心碎过。

★★★

　　我无法觉察他人的动机和想法，也无法解读微妙的暗示和肢体语言。这给我带来过一些严重的误解和冲突。

　　我曾经在工作中交了一个新朋友，她把我介绍给了她的家人，我们相处得很融洽。那段时间，我自己一个人住，但周末经常会去他们家住，还会和他们一起吃早餐，感觉自己就像是他们家里的一员。接着，我遇到了一个非常好的男人，开始恋爱——后来这个人成了我的丈夫。我本以为朋友一家会为我感到高兴。结果有一天，朋友的丈夫突然打电话给我，让我措手不及。电话里，他情绪激动，告诉我他有多么爱我，我的新恋情让他心碎。我惊呆了，完全不明白他怎么会有这样的想法。而他却很生气，他不敢相信我竟然不知道他对我的感情。他翻来覆去地说，我一定知道他的心意，因为他看我的眼神和跟我说话的语气都是"显而易见"的。我就不在这里详细讲述随后的乱摊子了，但最后，我与他们夫妻俩的友情都被葬送了。

可悲的是，这不是我第一次在与朋友、同事或合作者的关系中发生误会。我并不是说这类误解是孤独症人士独有的：在电影和歌曲中，经常能看到单相思之类的艺术主题，这样的事情有可能发生在任何一个人身上。但是，对于孤独症群体来说，我们与大众的不同之处在于，我们无法阅读交流中的非言语信息，也无法洞察他人的想法。所以，我们常常听不见那些弦外之音，往往直到后来我才发现，它们对大部分人来说是显而易见的。

★★★

你看过电影《落跑新娘》（*Runaway Bride*）吗？如果没有看过，我强烈推荐你看一看。因为这部电影很好地展现了孤独症人士是如何努力把自己变成其他人希望的样子的。你不必过分关注电影的具体情节，只需要看看主角玛姬的性格和她在每段关系中的转变。她改变了自己的着装、兴趣，甚至煮鸡蛋的方式，只为了化身为每个不同伴侣的"完美女友"。

那部电影真的引起了我的共鸣。回顾恋爱史，我发现自己在每一段恋情中都经历了类似的过程，试图成为伴侣希望我成为的人。"女朋友"，就像"女儿"和"朋友"一样，是一个需要学习的角色。我的伴侣对我应该有的样子以及我应该如何做事有着明确的期望。因此，在每段关系中，我都成了伴侣希望我成为的那个人。当时我并没有意识到，但回过头来看，我发现在每一段感情中，我都改变了自己的穿着打扮、说话方式、兴趣爱好，甚至人生目标。其中一些关系持续了数月，另一些则持续了数年，但最终都无果而终。众所周知，掩饰会令人精疲力尽，面具最终总会滑落。一旦发生这种情况，要么是伴侣意识到了我并不是他想要我成为的那个人，要么是我决定不再为此疲于奔命。

在每段关系结束时，我都发现我对自己的身份更加困惑了。对于我和许多孤独症女性来说，拥有一段关系的时刻正是最需要我们拼命掩饰自己的时候。我们知道，必须隐藏自己那些会让伴侣烦恼或沮丧的部分，我们需要更好地成为他们希望我们成为的人。这也是我们中的许多人容易遭受家庭暴力和其他形式的关系虐待的原因。当伴侣告诉我们"你不够好"时，我们会信以为真，因为我们在人生中经常这样贬低自己。

在《落跑新娘》的结尾，玛姬搬到纽约独自生活，发现了自己的兴趣和生活方式，包括煮鸡蛋的方式。很遗憾，我并没有经历过同样的闪光时刻。这也许是因为，与玛姬不同，我是孤独症人士，所以像其他孤独症人士一样，我不仅仅在恋爱关系中掩饰自己的身份，在工作中，在与朋友、家人的关系中也隐藏了真实的自我。甚至，我还欺骗了自己。

最终，在经历了几次失败的恋爱之后，我觉得一切都太复杂了，还是单身比较好。后来，我遇到了我的丈夫。我们的关系开始的方式与我曾经的体验几乎一模一样。我思考自己应该为他变成什么样子，并在很长一段时间里扮演着这个角色。就像曾经的体验一样，戴着面具生活让我身心俱疲。过了一段时间，也像我以前的关系一样，我的面具开始滑落。我变得不那么渴望取悦他人了，开始敢于对抗：我拒绝了不想参加的活动，也不再接受他选择的音乐和电影，除非我真的喜欢。我们经历了一些坎坷，但仍然很享受彼此的陪伴。他仍然是我们相识时的样子，只是变得更加保守和克制了一点。

随着时间的推移，当我开始意识到并接受自己的孤独症时，我逐渐变成了"真实的我"。我认为我变成了一个截然不同的人，但丈夫觉得我的改变仅仅在表层，我的内核还是与我们相识时一样。他并不觉得我的改变有什么问题。我不知道这是因为他对事物的更替格外包容，还是因为我从一开始就在无意间允许他看见了更深处的我自己。

★★★

如果你是孤独症人士，很可能已经有过或将会拥有一段失败的亲密关系。我的建议是，不必为了找到和保持一段有意义的关系而变得"更好"或"不同"。请不要相信这个谎言。你只需要做自己，享受这一切。如果找到了能够欣赏你的人，那再好不过；如果没有找到，那就算了，因为哪怕做一个真实的单身汉，也比做别人的复制品更好。

<u>笔记</u>

—22—
结交朋友

许多年前的一天，我突然接到儿子学校的老师打来的电话。

老师：我打电话是想聊聊你儿子。

我：（警惕）我儿子怎么了？

老师：我们注意到，他不喜欢在午休时间和其他孩子一起玩……

我：那是因为他喜欢在图书馆里看书。

老师：对，对。

我：所以……

老师：所以，我今天跟他聊了聊，建议他放学后请一个男生去家里玩……

我：呃……

老师：但是他的回答让我很担心。

我： 他说了什么？

老师： 他说："你一定是在开玩笑。我整天都不得不和其他孩子待在一起，现在你居然要我再带一个回家？"

我： 他说得没错啊，我也无法想象自己下班后还要和同事在一起。

老师： 好吧……

许多领域的专家都认为，丰富的社交可以提升幸福感。大量研究表明，规律的社交互动可以改善我们的身心健康。统计分析表明，社会关系多的人比社会关系少的人寿命更长。我不是要质疑上述这些研究的有效性，但我确实认为，这一结论并不适用于孤独症群体。

我的主要纠结点在于社交的"数量"。社交互动需要花费大量的能量！想象自己拥有和丈夫一样多的朋友时，我的感觉就像是在做噩梦。在我的印象里，无论我什么时候走进房间，丈夫都在给某个人打电话，愉快地聊着他们之间的事情。然而，我倾向于把自己的社交互动提前计划好：今天给姐姐打电话，下周给妈妈打电话，再下一周给朋友打电话。

我更注重社交的"质量"。丈夫有很多发小，即使其中的一些人早已经移居海外，或者开启了截然不同的生活轨迹，他仍旧与他们保持定期的联系。然而，与之形成强烈对比的是，我甚至不记得和我一起上学的同学的名字了。除了那些终生挚友，丈夫还有很多"志趣相投"的朋友。自助书籍告诉我们，共同的兴趣是交朋友的好方法。相比童年时期培养起的友谊，这种交友方式对于我这个孤独症人士来说更好理解：共同的兴趣意味着你们有话题可以聊，不需要忍受没话找话带来的痛苦。

在我小儿子的世界里，他认识的每个人都是他的朋友，而每一个他还不认识的人都是潜在的朋友。他可以充满自信和热情地与他人进行社交互动。与我不同，小儿子相信大部分社交互动都会带来积极的结果。有时，我担心他过于信任他人，可能会被不友善的人伤害，但我更钦佩他的自信和对未来的准确判断。事实上，小儿子假设他遇到的每个人都会喜欢他，因为经验证明的确如此。他的外表可爱迷人，每个见到他的人都想成为他的朋友。

我却不一样。我不认为人们会喜欢我。我倒是也并不认为人们会主动讨厌我，只是觉得人们不会认为我像我儿子一样有吸引力。相反，我认为大家要么会根本注意不到我的存在，要么会发现我太无趣了，没必要花费精力来了解我。

我的这种悲观是有原因的。首先，我看起来有点古怪——经常坐立不安、莫名兴奋，有时还会发出怪声。其次，我在社交方面总是表现得很尴尬——很难保持恰当的眼神交流，不会闲聊，也难以遵守社交规则。最后，我并不是一个特别有趣的人，除非你碰巧和我有着一样的特殊兴趣。在我的人生中，许多经历已经证实了这种自我认知。我在上中学时没有几个朋友，在大学里交的朋友更少；我曾被同龄人欺负和戏弄；老师不断提醒我，不要总是对自己的兴趣爱好喋喋不休；我还经常听到别人用"古怪"或"诡异"形容我。

除此之外，我还在多年前与一个从小就认识我和我的两个姐姐的人有过一次谈话。在那次聊天中，我又获得了另外一项客观证据。我以我一贯直率的方式发问："为什么你不喜欢我？"得到的回答是，我的姐姐们有一种"存在感"，这让她们很有吸引力，和她们在一起很有趣。虽然我绝对是三个人中最聪明的，但我却没有她们所拥有的那种"个性"。并不是说这个人在我身上看到了任何令人讨厌的东西，他只是没有看到任何讨人喜欢的地方①。

因为我不是一个乐于社交的人，自己一个人待着也很自在，所以我没有对此钻牛角尖。我并不觉得自己必须创造一些无中生有的东西来让人们喜欢我。相反，我完全接受别人不会来找我，除非我能提供一些客观的价值。如果想要交朋友，我只需要找到一个比我更需要朋友的人，只要我能为他的生活提供价值，那就会是一段有意义的关系。这个逻辑有时对我来说真的很管用，我因此遇到了一些可爱的人，并为他们提供了他们当时所需要的东西；有时却效果不太好——人们要么在我无法再

---

① 我并不是在批评这个人。这个诚实的回答本来就是我想要的，它让我终于不再苦苦思索自己是怎么不招人喜欢的了。

提供价值后一走了之，要么拿走了我原本不想付出的东西，比如我的金钱或者安全①。

令我惊讶的是，多年来，我终究得到了不少牢固的友谊，这些友谊是建立在相互关爱或尊重的基础上的。正如所料，这些关系通常来自工作——因为除了工作之外，我没有什么别的事情可做，下班之后就是在家休息、恢复精力。这些关系通常开始于我对一个人的"补偿"，因为我觉得自己不能为一段关系提供什么固有价值。然而，当我不再为朋友提供自己的技能或时间一类的价值后，有些关系居然以某种方式继续存在下去了。这个事实让我不得不觉得这些人原来是真的喜欢我。天呐！

十多年来，我最亲密的朋友是我的老板，他后来又成了我的导师②。随着时间的推移，我们之间的关系演变成了我在家庭之外拥有的最深厚的友谊。我可以和他谈论任何事情。他让我觉得他全然接受了我本身的样子，但与此同时，又可以在我行事或说话方式不恰当时善意地提醒我。当他和家人从伍伦贡搬到墨尔本工作时，我很自然地觉得我们一家人应该跟随他，于是便这么做了。我的人生起起落落，而他一直在那里。他陪伴我度过了焦虑和抑郁发作，也见证了我在事业上的成长，

① 详见第 17 章。
② 我计划写一本关于孤独症与职场的书，在那本书里我会详细介绍我的老板在我的职业发展过程中为我提供了多么大的帮助。

以及我的丈夫和孩子们的成功。

★★★

目前我在工作中有一个很好的朋友，他住在另一个州，在同一所大学的其他校区工作。我们是在一次工作活动中认识的，并因一些共同的人生挑战而结下了不解之缘。我们相处得很好。当我到他所在的镇上工作时，我们经常见面，会一同去附近喝咖啡或小酌。当他来墨尔本时，我们曾几次试图让他和他的妻子、我和我的丈夫四个人一起聚一聚，但都因为一些行程上的阻碍而没有成功。后来，他邀请我去他家吃饭。我和丈夫讨论了这个难题。接受邀请会带来许多积极因素，我尤其想看看他刚出生的可爱女儿。但一个巨大的挑战是：我们要聊些什么呢？平时见面的时候，我们谈论的通常都是工作或者与工作有关的事情。我对社交礼仪有足够的了解，知道工作不是一个合适的晚餐话题①，但除此之外还剩下什么呢？丈夫拯救了我：他让我把可以谈论的"有趣话题"列了一个清单，于是我便带着这个清单开心地出席了。事实上，我度过了一个愉快的夜晚，朋友一家在此之后又多次邀请了我。成功的一部分原因是我准备充分，另一部分则是因为他的妻子非常热情好客，也很能理解我的情况。

我分享这个故事是想让普通人知道，孤独症人士并非不喜欢别人或

① 这一点是我几十年的好友教会我的。

不想交朋友。对我们中的许多人来说，交朋友、维持一段友情并不是本能行为，需要一些指导和理解。一旦孤独症人士与某人成为朋友，往往会非常忠诚。在我们的世界里，不存在转瞬即逝的友谊。无论一段友谊是积极的还是破坏性的，我们都不会放弃，也不愿意接受对朋友的批评。

★★★

我想告诉正在阅读本文的任何孤独症人士，特别是如果你是个年轻人或最近刚刚得到诊断，请不要重蹈我的覆辙。在我的生活中有很多次，一位"朋友"或"伙伴"会利用我的自我怀疑和差异来攻击我，让我陷入破坏性的关系之中。在儿子的生活中，我也发现了同样的情况。因此，希望你能拒绝接受所有负面评价和有关孤独症的刻板印象，无论是来自你自己还是来自他人，不要贬低自己作为一个人的价值。不要进入破坏性的关系，不要进入任何必须放弃自己的一部分才能"赢得"某人尊重的关系。

我们可能朋友不多，也可能需要花很长时间和很多精力才能找到朋友。但是，请相信这个世界上有许多人会喜欢我们本来的样子，会欣赏和尊重我们的优点和独特之处。另外，不要因为其他人觉得你必须拥有很多朋友而感到压力。对于我们中的一些人来说，一两个真正的朋友便足以让自己过上充实的社交生活，如果超过这个数量，反而可能会精疲力尽。

如果你是孤独症人士的父母，请不要认为你必须为自己的孩子创造朋友 [1]。在大多数情况下，你的孩子宁愿只有一两个能够接受他真实身份的朋友，也不想拥有十几个让他觉得必须倾尽所有或者伪装自己的"朋友"。

---

[1] 除非孩子明确地向你表示他很孤独，想让你帮他交朋友。

笔记

—23—
为人父母

婴儿总是让我非常紧张，因为他们看起来很脆弱，而且你难以预测他们下一秒会做什么。我是家里三个女孩中最小的一个，所以在成为妈妈之前，我有幸当了几年小姨。

不出所料，大姐是我们之中最先有孩子的，生的是个女孩。直到侄女到了可以自己抬起头的月龄，"碰坏"她的风险已经很小时，我才觉得松了口气。我乐于给这个可爱的小东西买礼物，也觉得和她一起玩很不错。

我还记得第一次在姐姐外出时帮她照看孩子的事。强调一下，那年我已经18岁了，姐姐把她的孩子留给了一个非常能干的成年人。说起来，我在十几岁的时候就曾经帮朋友当保姆，以此来赚零花钱了，不过那时我照看的是已经能够走路和说话的孩子。姐姐离开之前嘱咐我，等6点钟宝宝醒来后就给她喂奶。我需要喂给她一瓶已经准备好的奶，只要按照说明加热即可。喝完牛奶后，我要再喂她一罐婴儿辅食。到目前为止，一切听起来都很简单吧？

开始的时候十分完美,宝宝准时醒来了。于是,我把奶瓶加热,她顺利地喝下了所有的奶。接着,我打开了她的婴儿辅食。那是一罐泛着可爱深紫色的黑加仑果冻。我一勺接一勺地小心喂她,她咀嚼着,高高兴兴地吃下了大约半罐。但随后她便对果冻失去了兴趣,开始转过身去环顾房间。我有点着急了。姐姐给我布置了任务,只需要我遵循一些非常简单的指示,我可不想让她回家后发现我没有如约完成任务。

　　显然,当前的解决方案是继续把紫色的果冻喂给宝宝。每次宝宝把嘴巴张开时,我就赶紧把勺子塞进她的嘴里。但是,她总是任由果冻从嘴里流出来,或者干脆直接吐掉。不过最后,她还是基本把果冻吃完了。然后突然间,在我毫无准备的情况下,宝宝吐了,呕吐物就像紫色的岩浆一样从她的嘴里喷射出来。我看着喷出来的东西,心想她一定是把内脏都吐出来了,那一小罐果冻绝对没有这么多!

　　我彻底崩溃了。我反复对自己说:"天呐,不要啊,我把她害死了!姐姐永远都不会原谅我了,我更不会原谅自己!"我清理了婴儿身上和周围地上的呕吐物,随后便一直抱着她,以便确保她还在呼吸。我唱歌给她听,跟她说话,和她一起在房间里走来走去。我一直小心翼翼,避免大幅度地晃动她。30分钟之后,姐姐回来了。那半个小时就仿佛永恒一样艰难而漫长。婴儿还在呼吸,这是一个好兆头!

　　我鼓起勇气向姐姐和姐夫承认了自己无法挽回的罪行,并讲述了我是如何严重地伤害了我可爱的小侄女。听完我的话之后,姐姐和姐夫放声大笑。他们告诉我，婴儿经常会吐，而且看起来总是比实际情况要严重。更重要的是，他们解释说，喂一瓶奶和一罐婴儿辅食并不是字面意思。我完全没有理解的潜台词是"给宝宝喂一罐婴儿辅食，但如果她不想再吃了就停止，因为这可能意味着她已经吃饱了"。这看起来是显而易见的。你可能会想，当时的我明明是一个聪明能干的成年人，为什么却听不懂这句话实际想表达的意思呢？

我本以为，做母亲是很容易的，这不过是一件全球各地的女性每天都在做的事，是整个人类历史上的女性都已经做过了的事。我推断，凭借天生的技能和智慧，再加上大量研究，我一定能成为一个了不起的母亲。我的计划是，休完老板慷慨提供的 12 个月无薪产假，然后重回工作岗位，像书中和电影中的女性一样熟练地兼顾事业和家庭。

儿子出生时，我陷入了幸福的眩晕。他是一个那么完美的婴儿！出院后，我带他回到家中。我为这个重要的日子做了充分的准备：我阅读了书籍，浏览了最新的科学研究，记了大量笔记。我知道婴儿需要每 4 个小时喂一次，于是据此制定了喂食时间表，又制定了睡眠时间表。我还想，婴儿睡得很多，这意味着我会有足够的时间来完成家务。

现在问题来了：婴儿没有读过书，也没有做过研究。他藐视所有的规则。我的儿子并不明白他应该每 4 个小时吃一次奶，而是在我喂完他 2 个小时之后就尖叫着索要更多的食物。他不明白自己应该在我做家务或休息时睡觉。他发出巨大的声音，散发着强烈的气味。我完全无法忍受。

他是我的孩子，而且那么完美，那么只剩下一个合乎逻辑的理由来解释这场混乱了——我是一个差劲的妈妈。其他妈妈都知道如何区分宝宝表达"饿了"和"疼"的哭声；其他妈妈都知道如何把宝宝哄睡；其他妈妈都本能地知道宝宝什么时候需要换尿布。所以，我必须更加努力。

于是我读了更多的书，看了更多的视频，试遍了所有培训手册中的育儿技巧。然而，我的孩子还在哭。有时，我妈妈会来家里帮我。当我妈妈抱起这个尖叫着、充斥着愤怒的幼小灵魂时，我的儿子便会抽泣着逐渐安静下来——这又是一个确凿的证据，证明我在一件这个星球上所有其他女人都能轻松做到的事情上失败了。

在儿子的 1 岁生日前不久，我发现自己又怀孕了。是的，又来了一个不讲规则的宝宝——规则上明明白纸黑字地写着："母乳喂养期间不能怀孕。"小儿子比哥哥晚 17 个月出生。他也同样完美。和上次一样，我从医院把他带回了家。这个宝宝比第一个安静得多——有点太安静了，我想。他几乎从来都不哭，虽然按照书上写的时间来看，他一定已经饿了。他也几乎从不睡觉。不过，他似乎总是很开心，会躺在小床上对着天花板微笑。

慢慢地，孩子们长大了。他们学会了走路，又渐渐到了上学的年龄。我一直努力成为完美的妈妈。我从没有给孩子喂过流水线上生产的婴儿食品，而是花上几个小时把水果和蔬菜去皮、烹饪、打成泥、冷冻起来，确保我的儿子免受杀虫剂和污染物的侵害。我测量他们的身高，给他们称体重，记录了他们成长中所有的里程碑，带他们去做体检……

表面上看，这似乎是一个很正常的家庭。但事实上，我已经精疲力尽，无法应付了。我变得越来越挫败，越来越焦虑和耗竭。最终，事情到了我认为无法继续下去的地步。我的脑海里开始出现"如果我能出一场车祸的话……"这样的想法。于是，我去寻求帮助。长话短说，在接下来的几年里，我放弃了对两个儿子的一部分监护权。我不打算详细讲述那段经历。那是属于我儿子的故事，他们有权利选择是否要讲述它。

★★★

回顾刚做母亲那艰涩而痛苦的几年，我再次认识到诊断的重要性。我曾以为自己的困境源于以下两点：我儿子的孤独症和我作为一个人的失败。然而实际上，大部分困难都源于我自己的孤独症。

因为我的感官过度敏感，所以喂奶、换尿布和婴儿永无止息的哭泣对我来说就像一场噩梦。这些琐事持续消耗着我的能量储备，直到我接近耗竭。我需要每天拥有固定的日程安排，然而，婴儿是难以预测的，他们的行为不可控，这让我变得非常紧张，更何况，我阅读到的信息让我误以为婴儿的作息是规律的。此外，孤独症导致我在沟通和社交互动上存在困难，无法像其他普通妈妈那样本能地辨别婴儿哭泣的含义，也无法向他人表达自己的担忧和需求。我需要竭尽全力地掩盖自然的孤独症行为，让自己表现得像所有其他妈妈一样，而这么做让我精疲力尽。

如果当时我已经拥有了孤独症的诊断结果，如果我知道作为一名孤独症人士，我已经尽了自己最大的努力，那么我一定会在必要时寻求帮助和支持，而不是隐藏自己的挣扎，直到一切分崩离析。如果能重来，如果我当时就知道自己有孤独症，其他人或机构或许能够向我提供所需的帮助。

下面来讲个好消息。虽然不知道是怎么做到的，但是我和儿子们之间血浓于水的关系完好无损地跨越了所有艰难的时刻。不知何故，我的儿子们知道，尽管我们只在周末和假期见面，但我仍然全身心地爱着他们。不知何故，令人惊讶的是，他们也同样爱着我。

当他们进入青春期后，我们为了团聚共同做出了许多努力。从那以后，我们就一直在一起，再也不曾分开。每当想到我们生命中的那段黑暗时期，我就觉得永远也无法原谅自己。我生活在未能成为我应该成为的母亲的罪恶感中，尽管孩子们不断向我保证，他们已经原谅了我。

毫无疑问，我的两个儿子是我三分之二的幸福。我们可以对彼此畅所欲言，不需要像在其他人面前那样有意识地掩饰和隐藏。他们给我带来欢笑，让我感到骄傲，让我觉得安全，让我知道自己是被爱着的，也让我相信我可以做自己。

笔记

—24—
共情与悲痛

最好的朋友去世时，我伤心欲绝。我是一个不轻易交朋友的人，他却作为挚友和导师，参与了我十几年来的人生。真正了解我的人寥寥无几，他便是其中之一。我难以用语言形容他对我的深刻影响。我仍然一字不差地记得，他打电话告诉我他被诊断出癌症时我们的谈话。在那一刻，仿佛有人把整个世界从我的脚下抽离出来。看着他被病魔折磨得日渐虚弱，我真的很难受。

现在想来，我十分后悔没能多花一些时间陪他度过他生命中的最后几周。他非常清楚地表示，尤其是在和我丈夫谈话时着重提到，他不愿让我在他病重时去医院探望，因为他不想在那种状态下见人。我不知道这个决定中有多少是为了保护他的自我，又有多少是为了保护我，但我觉得大部分是为了我。

我很后悔没有多去看他。当时的我马不停蹄地工作，全身心地扑在我们曾经合作的项目，或者我觉得他会在意的项目上。这是我陪伴他的方式。然而回首往事，我认为靠工作来逃避并不是正确的选择。因为事实的真相是，我无法忍受看到他遭受病痛的折磨，所以努力不去想这件事，以此来保护自己。我记得，当他的妻子告诉我们他去世的消息时，我的悲伤如骤雨般倾盆而下。我坐在自己的房间里，失声痛哭。

小儿子处理情绪的方式通常和我一样。他知道妈妈的朋友去世了，妈妈很伤心，所以他在一开始是非常理解我的。但没过几个小时，他就突然变得很生气，因为他不明白我为什么还在哭。他想让我赶紧从悲伤中走出来。尽管我知道他并不是一个冷血无情的人，但他的反应还是让那时的我感到困惑不解。

你可能听过"孤独症人士无法共情"的说法。这不是真的。事实上，很多孤独症人士都非常善解人意。虽然我们并不能像正常人那样感受别人的情绪并做出回应，但当我们知道对方有某种情绪时，会全心全意地做出回应，尤其是对我们在意的人。

当我爱的人感到悲伤或痛苦时，我会很想做些什么来让事情变好。这种感觉极为强烈，难以抗拒，以至于有时我会不知所措。我找不到合适的词语来表达自己，也不知道自己该做什么。我可以一天写一篇3000字的文章，但如果要我安慰一个人，我花上一星期的时间都找不到一个合适的词。

随着时间的推移，在小儿子的心理医生的帮助下，我开始理解他对我的情绪的反应，以及我对他的情绪的反应——我们的反应恰恰证明我们是紧紧联结在一起的。我们非常真实地感受到了彼此的痛苦，当看到对方的痛苦时，我们甚至比自己痛苦还要难受！当我生病、悲伤或生气时，儿子会变得焦虑，因为他想要解决我遇到的问题，如果解决不了，他会比我还要难过或生气。同样，我或许难以理解和表达自己遭遇的不适 ①，但是一旦看到儿子经历某种不适，我会被彻底压垮。我在十几岁的时候就是一名优秀的急救学员，可以冷静地查看某人的伤势，并迅速思考可能的原因、治疗方法和结果。然而，当儿子生病或受伤时，作为母亲的我却会崩溃。

大儿子跟我也有着类似的心灵感应，不过是在更加理智和现实的层面上。在工作和生活中遇到让我悲伤、愤怒、尴尬的事情时，我第一个想到的人就是他。因为我知道，我不需要费力表达那些复杂的想法和情绪，只要说"发生了这么一件事"，他就会凭直觉明白我的感受。有时，我甚至一个字都不用说，他也能理解我。在写下这段文字的时候，我回想起过去一个月我曾经历了两次情绪崩溃，每一次，大儿子都在我马上要惊恐发作时给我打来了电话——老实说，其中一次我已经崩溃了。他马上就明白我经历了什么，与我交谈，平复了我的情绪。

---

① 这是由我在本体感觉（见第 6 章）和内感受（见第 26 章）方面面临的挑战导致的。

★★★

悲痛对任何人来说都不简单，但对孤独症人士来说更是难上加难。正如小儿子的心理医生向我们解释的那样，许多孤独症人士，例如我和两个儿子，只有在一个很小的情绪范围内才会觉得舒服。心理医生给我们打了一个比方：情绪就像是声波，孤独症人士能承受的只是很小的一段频率。太生气或太难过都会让我们受不了，同时，太高兴或太兴奋也不行。当心理医生继续说道，许多孤独症人士比正常人感受到的情绪更强烈时，我和儿子们都感到灵光一闪。我们由此发现，我们的悲痛是真的痛彻心扉，我们的快乐是真的欣喜若狂。多么糟糕的组合啊！我们比一般人感受到的情绪更强烈，而情绪舒适区又更狭窄。

我应对强烈情绪的方式是屏蔽或者隔离。例如，当生活中发生了非常糟糕的事情时，我会去工作，埋头于正在做的事情，尽量不去考虑情绪问题。实际上，我很擅长这样做，而且效果很好。像许多孤独症人士一样，我具有高度专注于一项任务的能力。所以，如果我忙于工作，便可以隔离那些让我感到悲伤、害怕或焦虑的想法。然而，如果有人过来问我感觉如何，或者想要给我一个拥抱，我就会非常难过。因为这会让我的情绪像波浪一样汹涌而来，如同涨潮般升到最高点，进入我的意识。同事们都非常了解我，他们知道，如果我正在经历一些强烈的情绪，最好的做法就是假装无事发生，不要来问我关于那件事的消息。

当我最好的朋友去世时，我伤心欲绝。我丈夫也与他是好友。我知道，丈夫也很伤心，但并没有受到那么深的影响，所以我不得不控制自己的悲痛，因为不管这些情绪多么难以承受，都是属于我自己的。我努力专注于自己正在做的事情，确保没有人问我任何关于情绪的问题，就这样将悲伤拒之门外。在家的大部分时间里，我都这样隔离着自己的情绪。事实上，我觉得必须这样做，仿佛这是我的义务，因为我的悲痛会给儿子带来强烈的痛苦。我仍然无时无刻不在想着我的朋友。在很多个时刻，我希望自己仍有机会与他分享我的生活，对他的思念一次又一次席卷了我。整整过去了 5 年，我才终于能用相对平静的心情想起他了，但仍然仅限于我独处的时候。如果有人和我谈起他，痛苦还是会像锤子一样击中我。

有时，我真的很难理解许多正常人处理情绪的方式，例如在失去了所爱的人之后，他们会选择向其他人讲述这件事。对我来说，这是最痛苦的处理方式，我真的不明白为什么这能让他们感觉好一些。然而，作为一名管理者，有时在工作中我不得不直面这个难题。当员工因为丧亲、重病或离婚而请假时，我真的很难理解。在我看来，上班是摆脱悲痛的绝佳机会，因为他们可以专注于工作，而不必去感受那些情绪。

★★★

当我家养的狗被诊断出患有淋巴瘤时，我同样很难接受这个现实和随之而来的情绪。当时我们一共有三只宠物：一只从收容所收养的 9 岁的猫，一条患有神经异常的 7 岁的搜救犬，还有一条充满快乐能量的 6

岁的狗。在心理上，我知道这些宠物迟早有一天会死去，最先去世的很有可能是那只猫。我已经为此做好了准备。我们的猫名叫亚伯拉罕，比其他宠物都要年长，而且曾经是一只流浪猫。刚刚收养它时，我读了很多关于猫的寿命的书。我了解到，家养的猫要比生活在野外的猫寿命更长。所以，我们起初非常努力地想把它圈养在家里。但亚伯拉罕想去外面晒太阳，抓老鼠，在花园里冒险。于是，经过多次家庭讨论，我们一致决定让亚伯拉罕过上它自己想要的生活，哪怕这会缩短它的寿命。所以，我已经做好了它只能活到 10 ~ 14 岁的准备。接下来，我推断泰德会是第二个去世的。它是两条狗中的老大。刚收养它时，我们觉得它难以存活下来，因为它非常焦虑和胆怯，拒绝喂食，也不让我们触碰。此外，它还生过很多病，受过许多伤，包括肩膀处的骨折，有好几处都得用钢钉固定。所以从逻辑上讲，杰西应该会是宠物中最后离世的。它是我们的三只宠物中最年轻、最健康、最有活力的，浑身上下散发着源源不断的能量。

当杰西生病并且停止进食后，我们带它去看兽医，兽医告诉我们不用担心。随后，我们又带它去了宠物医院，医院说它病得很重，给它做了很多检查。医生考虑了一系列可能的诊断，并进行了更多测试、活检和手术，然而杰西的情况并没有好转。后来，他们将它转介到一家专科动物诊所，在那里，经过又一次大手术后，杰西被诊断出患有淋巴瘤。医生说，杰西可以接受化疗，但也只能延长几个月的寿命。于是，他们只进行了一次性的简短治疗，便让我们把杰西带回家了。杰西还是那个傻傻的、精力充沛的老样子，但是短短几天后，它就变得昏昏欲睡，越来越虚弱了。

我们都深爱着杰西。它是我见过的最漂亮、最快乐的狗，也是我们家除我之外唯一的女性。它的病情越来越重，显然正在逐渐走向死亡，我的失落和悲伤也随之越来越强烈，而我并不明白这是为什么。悲伤就像一股令人窒息的浪潮，我看着它变得越来越虚弱，难以起身，昏睡不醒，看着它眼里的火花逐渐黯淡。弥留之际，它发出了几声呜咽，我轻柔地拍了拍它，然后它的灵魂便飘离了尘世。在那一刻，我对这个世界充满了愤怒。这样不对！不公平！我还没准备好！时至今日，每当想起它时，我仍然会哭，仍然在等待着心中的伤口愈合。

心理医生对我儿子说的话让我有些明白了，为什么对于我来说，失去杰西比失去挚友更痛苦。我的假设是这样的：当我们失去杰西的时候，丈夫痛不欲生，两个孩子也是一样，我们的另外一条常年与杰西相伴相随的狗也伤心欲绝。所以，我必须克制自己沉重的悲伤。此外，我身边的人也沉浸在巨大的悲痛中，这意味着我无法隐藏自己的感受，因为周围满是心碎的声音。我对他们的痛苦感同身受，难以抵挡。

<u>笔记</u>

重要但难以分类的其他事情

—25—
不堪重负带来的三种状态

有一次，我受到巴拉腊特一个社区团体的邀请，讲述我作为孤独症成年人的经历。我有点焦虑，因为这是我第一次从孤独症这个一般性的话题中走出来，站到台前，具体地谈论自己；也因为我不太了解自己将会面对怎样的一群人——他们的人数有多少、他们对孤独症的了解程度如何，也不了解演讲所在的地点——那里是否容易找到、是否有地方可以停车、到了目的地之后应该怎么走；还因为车程很长，大约需要90分钟，丈夫会在工作结束后开车送我过去，但他总是不太准时。

谢天谢地，丈夫在约定的时间出现了。我们从墨尔本中央商务区出发，时间充裕，路线准确。接着，当我们穿过西门大桥时，突然发现汽车发动机过热了。于是，我不再只是有点焦虑了——我们会安全抵达目的地吗？如果汽车着火了怎么办？修车要花多少钱？我的手和腿开始颤抖，我能感觉到自己的心在狂跳。

此时此刻，丈夫让我查看地图，寻找下一个公路出口——这就是最后一根稻草，它彻底压垮了我，我再也无法继续坚持下去了。我的整个身体开始颤抖，说不出话来，无法思考，也无法呼吸。我开始发出奇怪的喘息声[1]。

有三种体验是许多孤独症人士共有，而非孤独症人群则难以理解的，那就是崩溃、关闭和耗竭。它们都是当我们再也承受不住外界环境的刺激时会有的反应[2]。三者有着不同的强度、表现和持续时长，下面我会一一为大家说明。

崩溃

根据英国国家孤独症协会的定义："崩溃是对强烈刺激的极端反应。当某人完全被他们的处境所淹没并暂时失去对自身行为的控制时，就会发生这种情况。"

---

[1] 最后我从恐慌中恢复过来了，这要感谢大儿子，是他一直在电话里安慰我。我们找到了一个附近的服务站。
[2] 在我家，我们会使用"情绪过载"这个词来形容难以承受太多外界刺激的状态。

我从养育孩子的经验中学到了一件事，大多数普通人分不清崩溃和发脾气的区别。我已经记不清有多少次，当儿子经历情绪崩溃时，"好心"的旁观者告诉我，我应该给他一记耳光或者痛骂他一顿。并不是说我的孩子从来没有发过脾气，他们当然有过，所有小孩都会发脾气。我想表达的是，崩溃和发脾气就像粉笔和奶酪一样，是两种截然不同的东西。

　　"发脾气"会有一个明确的目的，比如"我一闹，你就会感到尴尬或心烦，然后你便会满足我"，而且这种发作相对比较容易停止，只要把儿子想要的东西给他，或者给他另一个更有吸引力的东西就行了。而情绪上的"崩溃"是一种由扳机事件所触发的反应：在崩溃时，儿子并没有试图实现什么目的，我和他都无法阻止这种崩溃，只能等待崩溃自己过去。崩溃是由某种强烈的、淹没性的感受触发的，扳机事件可能是太过强烈的感官刺激、日常生活的意外改变、焦虑，或者某个无法用语言表达的需求。在崩溃时，我们要做的是移除触发因素，这样当事人才会感到安全，并有时间从崩溃中恢复。

　　我不记得自己小时候是否经历过像儿子一样强烈的、表现于外的崩溃了。我想或许没有，因为我是一个乖僻又内敛的孩子。但是，在我内心体验到的汹涌情绪却并不会因此而降低分毫。对孤独症儿童的父母来说特别值得注意的是，女孩倾向于将反应内化，这是孤独症女性往往比男性更晚被诊断出来的原因之一，而且，孤独症女性的总体诊断率也要比男性低得多。

普通儿童
发脾气

孤独症儿童
崩溃

崩溃并不是孤独症儿童独有的，患有孤独症的成人也普遍经历过崩溃。但是，与儿童相比，成年人的崩溃或许不那么频繁，一部分原因是成年人对自身所处环境的控制力往往比孩子更强，另一部分原因则是成年人已经经历了几十年社会规范的训导，知道自己的崩溃会招致他人奇怪的目光，所以往往会竭尽全力忍住情绪，直到独自一人时才敢崩溃。由于这个原因，成年人的崩溃看上去也可能与儿童的崩溃不同。当一个5岁孩子尖叫、踢人时，可能只会得到一些批判的目光；但如果是一个50岁的人这样做，旁人就会报警了。

我不得不承认，在本章开头讲述的故事发生之前，丈夫从没见过我崩溃的样子。然而，这并不代表我总是很平静。我崩溃的频率其实很高，但我已经非常善于控制和隐藏自己的崩溃了，我会一直憋着，直到躲进家里某个没人能看到的角落里。这些年来，我一直像别人期待的那样，严格管理着自己的情绪。此外，作为两个孤独症孩子的母亲，当儿子经历情绪崩溃时，我总是能看到旁人鄙夷的目光。这些经历都告诉我，情绪崩溃是一种深深的耻辱，我应该不计任何代价将它隐藏起来。但是，在本章开头的故事里，我和丈夫被关在一辆行驶着的车中，我无处可藏，于是丈夫便看到了那一切。在那之后，他才惊讶地得知我曾不止一次经历如此严重的崩溃。而同样令我惊讶的是，他并没有被我强烈的情绪吓跑，而是尽己所能为我提供支持与帮助。

情感关闭

博客"谈谈孤独症"（Speaking of Autism）中写道："关闭在本质上是一种发生在内部的崩溃……崩溃就像一种外在的爆发，而关闭状态则是向内爆炸了。"

对于旁观者来说，与崩溃相比，情感关闭看起来更平静，也更加难以察觉。然而，对于经历过情感关闭的人来说，我们知道这个状态是非常痛苦的。像崩溃一样，无论是感官信息、社交互动还是任务要求，一旦流入大脑的信息过载，我们便会进入情感关闭状态。关闭的持续时间从几分钟到几天不等，具体取决于大脑从"不堪重负"中恢复并重新启动所需的时间。

如果一个孤独症人士经历了短暂的情感关闭，别人通常会将这个状态误认为注意力不集中、走神或没礼貌。运气好的话，我们可以在短暂的休息后重新"开机"，或者设法假装正常，比如躲到洗手间里去，前提是在那个状态下的我们尚且能动的话。如果运气爆棚，我们身边刚好有着了解内情的好心人，他们能意识到发生了什么，从而帮助我们摆脱困境，或者即使暂时无法把我们救出困境，他们也可以减轻我们与外界互动的压力。减压的方式可能很简单，例如在谈话突然陷入沉默时寻找新的话题，或者采取行动，减少我们接收到的刺激。在餐厅时，丈夫会把墨镜递给我，而我会把指压玩具从桌子下面递给儿子。

对人们来说，长时间的情感关闭会更加难以接受。在这种状态下，我们会被误认为懒惰、粗鲁或固执。处于情感关闭中的孤独症人士经历着生理和心理的双重疲惫。所以，如果你问我们感觉如何或是遇到了什么问题，我们很可能不会回答，因为我们并不知道自己怎么了，又或者将感受转化为语言本身便需要耗费太多精力。在情感关闭中，我们甚至会没有力气起床、洗澡、与人交谈。

★★★

崩溃和情感关闭有许多共同点。它们有着类似的触发因素——信息输入过多，大脑不堪重负。对当事人而言，它们带来的效果也是相似的——一种无法控制自己身体的感觉。此外，它们也有着类似的长期影响——在经历崩溃或情感关闭后，我们会感到疲倦，可能需要几天或几个星期才能恢复过来。幸运的是，如果他人想要为这两种状态下的我们做些什么，可以提供的帮助也是类似的。

在崩溃、情感关闭期间及之后，无效的干预措施是：

- 告诉我们要"振作起来"或"坚持到底"；
- 要我们解释哪里出了问题；
- 试图分散我们的注意力；
- 说我们这样是在辜负那些对我们重要的人，或者说我们这样是在给自己所爱的人丢脸；

- 在我们没有明确表示希望得到触摸的情况下触摸我们。

有效的帮助是：

- 给我们时间和空间来恢复，哪怕要请假、旷课，或错过重要的活动；
- 让我们知道，我们无须做出决定或回答问题——不要问我们想吃什么，请直接拿来你知道我们会喜欢的东西；
- 不要因为我们没能满足他人的需求和期望而批评我们；
- 让我们处于低压力的环境中；
- 减少感官刺激，比如调暗灯光、调低噪音；
- 提供让我们感到舒适的物品，比如我们喜欢的毯子、刺激玩具、一本好书等。

孤独症耗竭

美国孤独症作家兼研究者多拉·雷梅克（Dora Raymaker）及其同事这样解释孤独症耗竭：

孤独症耗竭是一种综合征。在慢性、长期的生活压力下，孤独症患者的能力无法匹配外界的期望，并缺乏足够的支持。孤独症耗竭的特点是普遍化、长期性的疲惫感（通常在 3 个月

以上）、丧失社会功能，以及对刺激的耐受性降低。^①

我经历过多次孤独症耗竭，只是那时的我并不知道这个用于描述自己感受的专业术语，于是，我只好全盘接受众人的误解，任由其他人给我贴上各种各样的标签。第一次耗竭发生在青春期，我从一个对学习充满热情的优等生变成了高中辍学生。那次耗竭被误解为"叛逆"。最近一次耗竭是在 2020 年，这一次，它又被定义为"新冠抑郁症"。此外，我人生中的其他耗竭还曾被标记为"产后抑郁症""神经衰弱""与更年期相关的焦虑症"。这些都是别人给我贴的标签，而我给自己贴的标签一直是"失败者"。

每一次经历耗竭，我都会有几周乃至几个月的时间无法应付日常的生活需求，难以想象自己还能拥有快乐和可控的未来。我总是在他人面前隐藏起自己真实的样子，习惯了不让别人看见自己的瑕疵，一直勉强自己满足他人的期望，扮演好各种各样的"角色"。因此在耗竭中的大部分时候，我仍旧继续坚持工作，完成那些布置给我的任务，试图表现得冷静而有能力。我首先放弃的是兴趣爱好：我不再读书，不再做手工，不再摆弄洋娃娃和其他收藏品。接下来，我会从非强制性的社交互动中退出：不与朋友交谈，不去商店，甚至不和丈夫、儿子互动。最

---

① DM Raymaker et al., ' "Having all of your internal resources exhausted beyond measure and being left with no clean-up crew": Defining Autistic Burnout', *Autism in Adulthood*, 2（2），2020, pp. 132–43.

后，我会放弃所有对生存无关紧要的活动。于是，我每天所做的事情便只有下班回家、哭泣、吃饭、睡觉、起床、上班、下班回家、哭泣、吃饭、睡觉……

我也希望每一次耗竭时，我都是通过发现自己的"内在力量"，走出了困境，振作起来继续生活。然而现实的情况却是，我的每次耗竭都会走向以下三个结果。第一个结果是承认失败，这种情况只发生在我还年轻的时候。我会停止学习、工作、努力表现，一心只想着睡觉，陷入自己的思绪里，直到最终康复。第二个结果是精神上的崩溃，因为我再也无力应对这个世界，所以不得不主动寻求或被他人带着去做心理治疗，采取心理咨询、精神药物治疗以及其他干预措施。第三个结果，也是最常见的结果，就是身体健康出现问题。竭尽全力与耗竭战斗，会给身体带来严重的影响，导致出现各种需要医疗干预的身体疾病。以上三种"解决方案"中都在我的脑海中形成了一个相似的结论：我是一个本质上不够好的人类。

尽管耗竭的持续时间和影响各不相同，但都具有共同的特征。我现在已经知道了，以下这些都是孤独症耗竭的表现：

- 持续的疲惫感；
- 对感官刺激更加敏感，不堪重负；
- 更加难以应对社交互动；
- 持续的模糊感、脑雾；

- 执行功能下降，难以计划、组织和完成任务；

- 焦虑和抑郁加剧；

- 无价值感；

- 失去兴趣和热情；

- 感到不知所措，无法应对生活；

- 更强烈的挫败感和烦躁；

- 有效沟通能力下降；

- 更频繁的情感关闭和崩溃；

- 出现更多身体健康问题；

- 难以承受的强烈的内疚感。

根据当前人生阶段和角色的不同，每一次耗竭都可能有着不同的原因，但回过头来看，我知道它们有一个共同的核心特征：我无法满足自己和他人对我的期待。

得到诊断之前，"我是一个失败者"是唯一合理的解释。既然其他人都可以应付生活中各种各样的要求，只有我不能，那么问题一定出在我身上。得到诊断之后，我意识到，普通人对世界的体验完全不同，许多曾经困扰我的问题其实都与孤独症有关。我突然明白了，许多对孤独症人士来说很困难的、需要有意识和持续努力才能完成的事情，对普通人来说只是自然而然的本能。这个发现深深启发了我。普通人不会觉得各种感官刺激是难以忍受的，不需要费力地屏蔽一些信息以专注于其他信息；他们也不需要有意识地准备和计划每一次社交活动；他们没有需要掩饰的小动作，天生就很合群；他们自然而然地"知道"该说什么和该怎么做。天呐！难怪他们有充沛的精力，每天能做那么多事情。

我的诊断，以及我同心理治疗师进行的许多次咨询，让我有了更强的自我意识，能够察觉到耗竭的早期迹象，有时也能对自己更温和一点，采取措施避免耗竭，或者让崩溃不会那么严重。感到自己变得不知所措，快要进入耗竭状态时，我会尽量减少社交互动和感官输入，缩减工作量，不再竭力满足外界对我的期望。我会预留一些休假的时间，或安排自己在家工作。我试着拒绝各种邀约，不再参与那些根本没有精力参与的会议和社交，也会抽出时间独处。我试着在生活中采纳心理治疗师的建议。

我：	最近我工作很忙，真的好累。一天结束时，我已经没有什么精力了。我在床上躺了一整个周末。我感到很内疚！
心理治疗师：	你为什么会感到内疚？
我：	因为我知道自己应该在周末做一些有用的事情，而不是躺在床上或沙发上无所事事。
心理治疗师：	但你并不是什么都没做呀。你做了一些非常有意义的事情。当你躺着的时侯，是在让自己休息，让你可以从一周的疲惫中恢复过来。

我： 但我应该打扫房子，整理橱柜，和家人聊天……

心理治疗师： 试试看用"可以"代替"应该"。你可以打扫房子，可以整理橱柜，或者你也可以给自己的思想和身体留出足够的时间来休息，以便重新开始工作，为下周的生活做好准备。

<u>笔记</u>

—26—
内感受障碍与健康

在一个普通的周二，我觉得身体不舒服。其实这几天我一直感觉不太好。我试图向丈夫描述自己的感受，但除了"感觉怪怪的"之外，我不知道该怎么说。我知道自己很累，还有点烦躁。可能是压力太大了？或者焦虑水平有点高？等到了周四，难受的感觉愈演愈烈，已然令我无法忽略，根本不能集中注意力。我心想，是不是吃坏了什么东西？也可能是抑郁突然发作了？接着，到了周五，丈夫坚持带我去看医生。我在医院的椅子上坐立不安，试图寻找合适的词语来描述自己的感受：累？热？迷糊？难受？酸痛？医生认为可能是抑郁发作，但还是建议我做一些血液检查，以便确定最后的诊断。终于，一直到周六早上，我才恍然大悟，弄清楚了这种一直存在的奇怪的感觉是腹痛。

周六晚上，我去了急诊室，继续努力回答诸如"到底哪里疼？如果从1

到 10 打分，你的疼痛是几分？你还有其他症状吗？"之类的问题。到了午夜，我被诊断为胰腺炎，住进了医院。接下来的一周里，我一直在接受静脉输液和止痛治疗。

内感受是对身体内部感觉的感知，其中包括与内部器官功能相关的身体感觉，例如心跳、呼吸和饱腹感，以及与情绪相关的自主神经系统活动①。内感受能告诉我们，自己在什么时候感到饥饿、口渴、炎热、寒冷、疼痛、焦虑、压力大或需要上厕所。许多孤独症人士在接收内部感受方面存在困难，他们对来自身体内部传感器的信息要么过于迟钝，要么过于敏感②。

像许多孤独症人士一样，我在一生中的大部分时间里根本没有内感受——也就是所谓的"第八感"的概念。这并不是说我没有经历过与内感受有关的困难。当人们问我"感觉"如何时，我通常不知道怎么回答，而我身边的人竟然可以比我更好地描述我的身体感觉。然而，我却能明显地注意到我的儿子们，尤其是小儿子存在这个问题，所以我隐约觉得，这是一个和孤独症有关的问题。

---

① CJ Price & C Hooven, 'Interoceptive Awareness Skills for Emotion Regulation: Theory and Approach of Mindful Awareness in Body-Oriented Therapy（MABT）', *Frontiers in Psychology*, 9（798），2018.
② 我最近读到一篇文章，声称只有孤独症儿童才有内感受障碍，而孤独症成人没有。这篇文章的作者显然不属于孤独症群体！

我是热还是冷

我经常从孤独症儿童的父母那里听到的一个问题是："为什么我的孩子在隆冬穿着 T 恤，或在盛夏穿着毛衣？他们感觉不到冷和热吗？"简单的回答是："是的，他们感觉不到。"但更准确的回答可能是："也许他们能感觉到，但并不知道自己感觉到的是什么。"我经常在大热天看见儿子小脸红彤彤的，汗流浃背地坐在客厅里，作为父母，我已经接受了这样的现实。我必须告诉他："嘿，小帅哥，你应该把毛衣脱掉。"因此，我们家里装有一系列会根据天气变化提供穿衣建议的设备，到了某个温度就会自动提示你添一件毛衣。此外，我们都在手机上安装了预报天气的应用，房间里也都有温度计。

丈夫经常在冬天走进我的房间说："屋里这么冷，你为什么不开暖气？"或者在夏天说："为什么不开风扇？你不觉得热吗？"在大多数情况下，如果要我描述自己的"感觉"，我只会说自己有点不舒服，但无法确定这种不舒服是由室温引起的。我现在已经 50 多岁了，在工作中，仍然会有其他人留意到我的办公室里像冰窖或桑拿浴室一样，于是好心地帮我调节房间温度。这么做的人通常是我那善良的总管。

我是饿还是渴

显然，保持健康体重的诀窍是"饿了再吃"和"饱了就不吃"。然而我遇到的问题是，我不知道自己什么时候饿或者饱。无论是在公司还是在家里，我经常需要别人提醒，才会停下手头的事情去吃午饭。此外，人们也经常会说我吃得太多了。只要有食物摆在面前，我就能把它们全都吃掉。婆婆还曾经惊叹，我居然能和体重差不多是我两倍的丈夫吃得一样多。

对我和儿子们来说，制定用餐时间表是唯一可行的解决方案。这个方案还有个附带的好处，那就是能满足我们对固定日程的需求。我每天都在同一时间吃早餐，每次都吃同样的东西。在我办公室的日历上，每个工作日的"午餐时间"都被标出来了，这样我就不会忘记吃午饭。然而不幸的是，这个方法并不能防止我吃得太多。

我和儿子们会互相提醒喝水，我还设置了适当的系统来确保我们的液体摄入量。工作时，我的办公桌上会放一个水壶，每天早上，我都把水壶装满水，并确保自己在下班前把水喝完。小儿子则有一个随身携带的水瓶，还有另外一个放在床边。

我需要去上厕所吗

在我生下小儿子的几年后，全家都习惯了他会在出门在外时突然宣布自己要上厕所。从说出"我要尿尿"这句话到真的付诸行动，他只会留给我们不到 5 分钟的时间。就这样，我变成了那种人们在购物中心看到的"奇葩"母亲。我不得不让小儿子使用商场提供给员工的卫生间，否则他就会尿在地上。然而，在我的成长经历中，大人们每天都在说"上车前每个人都要去小便，即使你觉得自己不需要"。小时候的我无法理解其中的逻辑，长大后，我还了解到这么做反而可能导致膀胱控制能力下降，随之而来的是必须快速解决生理需求的后果。但我相信，无论孩子的神经类型如何，大多数父母都有过类似的经历。但对于孤独症人士来说，我们在其他许多身体感觉上也有着同样的困难。

随着儿子逐渐长大，上厕所不再是一个问题了。我以为这是因为他已经长大了。我还以为自己很幸运，躲过了这种内感受障碍，直到我在医院做了一次外科手术。当时的我躺在床上，身上连接着各种管子和导线。当我意识到自己需要小便却无法下床时，我呼叫护士要了一个尿盆。在这件事结束，护士来取走尿盆时，我们进行了如下的对话：

护士：你怎么不早点要尿盆呢？

我：　因为我之前不需要。

护士：你应该在觉得有需要的时候就立刻叫我。

我：　我确实是这么做的呀。

接着，护士对我进行了一系列长篇大论的教育，告诉我不应该让膀胱过满，尿盆中的尿量那么多，足以证明我憋尿太久了。护士似乎确信我是因为不好意思要尿盆而故意拖延，而我同样确信自己的身体只是在正常地运作。那时我才意识到，有那么多人抱怨需要起夜小便，而我在一天之中只需要去洗手间两三次，原来都是因为我憋得太久了。

我疼不疼

对于我们家来说，看医生是一项集体活动。当医生喊出患者名字的时候，全家人便会一拥而上。在通常的问候之后，医生会询问我们为何前来，对话通常是这样的：

医生：那么，你什么地方疼？

患者：肚子。

医生：具体是肚子的哪里？上、下、左、右？

患者：我不确定，大概是中间吧。

家人：疼痛似乎在左上方。（因为家人之前注意到，病人感受到疼痛时会把手放在那里）

医生：疼到什么程度？是锐痛还是钝痛？一直疼还是一阵一阵的？

患者：我不知道。

家人：好像是持续地疼，吃饭之后会疼得更严重。

医生：这种情况有多久了？

患者：我想可能是几天或几个月。

家人：一周前开始的，最近这两天越来越严重了。

我很擅长描述儿子的情况，尤其是小儿子：我可以从他的面部表情和动作，以及他的整体情绪和举止中了解他的症状。然而，我完全无法理解和表达自己的疼痛或症状，所以通常会坚持让丈夫和我一起去看医生，由他来回答那些让我毫无头绪的问题。

这不仅仅是一件家庭趣事而已，它对存在内感受问题的孤独症人士和关心他们的人有着非常重要的影响。小时候，我患有间歇性的剧烈腹痛。父母带我去看医生，试图找出原因和适当的治疗方法。现在回想起那段经历，我发现自己遇到的最大困难是无法描述症状。我知道自己很痛苦，却无法清楚地表达出医生想要知道的细节。我的回答中充满了犹豫和变化，所以大人们常常觉得我是在想象或编造症状。经过几十年的挣扎，我看了不同的医生，做了数不尽的检查，直到30多岁的时候，这个腹痛问题的根源才真正被识别出来，而医生也终于找到了适当的治疗方法。

我还记得小儿子曾经因为走了太久的路而觉得不舒服，却说不清楚自己的不适感是由于脚上的水泡和大腿内侧的皮肤擦伤造成的。还有，我曾多次撞在家具上，但有一次，其他人注意到我脚上的皮肤颜色不对，等我去看医生时才知道自己原来骨折了。

近年来，我出现了低血糖症，我们还在寻找背后的原因。这个症状是在我因为一种不相关的病症住院时被首次发现的：我在一项常规的血糖测试中晕倒了，护士只能拿着糖水和葡萄糖点滴冲进屋来。与我使用尿盆的经历类似，我因为没有提前告知工作人员自己的症状而受到了责备。

> **护士**：当你感觉到这些症状时，应该立刻呼叫护士。
>
> **我**：什么症状？
>
> **护士**：一种头晕的感觉。
>
> **我**：我确实觉得有点不舒服，但我经常觉得不舒服。
>
> **护士**：我看见你的手在抖，你怎么了？
>
> **我**：啊？我的手在抖吗？哦，还真是。
>
> **护士**：还有你很难回答我的问题，也是需要注意的症状。
>
> **我**：哦，我还以为自己只是太累了。

现在，我有了一个血糖监测仪。感到不适的"症状"时，我应该立刻测量自己的血糖，查看数据，然后在血糖过低时采取适当的措施。我可以很顺利地完成第二部分：如果血糖低于 4.0，我需要吃一些软糖，然后再吃一些更丰盛的食物。但难点在于第一部分。当我感觉到所谓的"症状"时，有的时候血糖读数是超过 5 的，代表我的情况其实很好；而有的时候血糖却显示低于 3，代表我的状况已经很糟糕了。还有的时候，我甚至根本感觉不到自己有任何症状，但家里的其他人会注意到我已经面色苍白、语无伦次了。

我为什么不舒服

内感受也会影响我们体验和理解情绪反应的方式。对大多数人来说，他们能够将自己的胃部不适识别为有压力，于是便可以采取相应的对策，无论是减少工作量、跑步还是参加"心理健康日"活动。

然而，有内感受困难的人甚至可能注意不到自己的胃不舒服了。就算我们确实注意到了不适感，也可能无法确定这种不适感是因为饿了、压力大、灯光太亮，还是胃痛。

★★★

在内感受和孤独症的其他体验之间，还存在着显著的相互作用，包括感觉超敏反应、崩溃和孤独症耗竭。虽然大部分关于孤独症的研究都着眼于如何"训练"孤独症人士培养与自己身体之间的协调性，但其实更实用也更有帮助的方法是，了解孤独症人士所经历的内感受障碍，并做出应对。

笔记

—27—
孤独症的优势

在开始写这章的时候，我感觉很困难。既然你已经读到了这里，就会知道我和许多孤独症人士一样，喜欢秩序和固定的仪式。本书之前各章的结构是一致的：首先从一件个人逸事开始，接下来，我会告诉你本章所关注的主题，并描述这个主题是如何在我的生活中发挥作用的。我轻易就能写出自己遇到的种种困难，然而在谈到优势时，我却难以下笔了……于是，我给大儿子打了一通电话。

我： 我需要你的帮助。我准备开始写孤独症的优势这一章了，但是找不到一件与之相关的生活趣事。

儿子： （立即理解了我的困境）哇，这太难了！我知道，你并不想写一个能够展示你自己优势的例子，因为这样会看起来很自恋……

我： 是的，这就是问题所在。

儿子的伴侣：（在一旁大喊）你可以写一个关于你儿子的例子。

我： 这是个好主意，他有很多优点。

儿子： 不，那会有点奇怪。也许你可以写写我弟弟，他也有很多优点。

我： 我已经问过他了，他也说写你。

儿子： 哦，也许你可以写一个你的学生，他们也有很多长处啊。

那么我到底该怎么办呢？最后，我找到了一个介绍孤独症优势的网站，对网站里的内容进行了客观分析。我认为这是唯一恰当的解决方案。那么，就让我们开始吧。

孤独症人士最常被注意到的优点是：

- 强烈的道德感；

- 能够出色完成任务；

- 善于学习；

- 人际交往中的优势；

- 遵守规则与日程；

- 强大的思维能力。

每个孤独症人士都是不同的，所以我并不是说我们每一个人都拥有上述这些优势，只是说孤独症人士通常会在这些领域优于非孤独症人士。

请注意，本章中的一些内容来自有关孤独症的宣传网站。尽管网站所使用的一些术语与我的偏好不一致，我依然按照原文逐字引用了。

强烈的道德感

> 通常来说，我不会绞尽脑汁去思考为什么孩子会这样或那样做，而是会直接问他。我也很少需要担心那些处于孤独症谱系上的人有着别有用心的动机，因为他们通常会说到做到，直截了当地表达他们的意思。我认为，我们都可以在生活中学习他们的优良品质。
>
> ——博客 Super Simple

> 孤独症人士会准确地反馈自己的感受，并在被问及意见时完全坦诚地回应。如果孤独症人士说你看起来棒极了，那么你可以确信，你今天的发型真的很漂亮。
>
> ——网站 Verywell Health

许多神经多样性人群都非常关注社会正义。有些人认为他们对规则过度关注，但从另一个角度，我们也可以理解为他们倾向于坚信公平和正义的重要性。他们对公平极为关注，并且拥有深深的同理心。所以，他们会保护被剥夺权利的人，也会为整体环境的福祉而充满热血地战斗。认为神经多样性人群无法共情的想法是大错特错的，因为事实往往恰恰相反——他们中的许多人会因为他人的权利受到侵犯而感到非常痛苦。只是有的时候，如果看到某人处于困境中，强烈的痛苦会让他们陷入情感关闭状态，所以他们无法以普通人认为恰当的方式做出善解人意的反应。

——网站 Texthelp

诚实和正直

孤独症人士往往非常诚实和直接，坚守正直的准则。我们总是说实话，哪怕在一些情况下这样做是不明智的、不符合我们的自身利益。我们很少撒谎、偷窃或试图欺骗他人。

可靠

如果你想好好把某件事做成，那么就去拜托孤独症人士吧。我们又勤奋又可靠。如果我们说自己会去某个地方或者做某事，就一定言出必行。我们不仅有着极为严格的道德准则，也有充分的专注力，这两个优势相辅相成，确保了我们必定能够实现诺言。

正义感

孤独症人士总是会做正确的事和公平的事，我们都是伟大的社会正义战士。在遇见不公正时，我们总会拔刀相助，哪怕有时这么做违背了自身利益。孤独症人士会保护他人的利益，采取行动支持和捍卫那些遭受压迫、霸凌或歧视的人。

坚守价值观

正直、诚实和正义感意味着，我们不太可能成为物质主义者，也不会拥有受经济利益、政治或社会利益、自身利益驱动的价值观。如果我们认为自己在某个问题上的立场在道德上是正确的，那么即使面临巨大的社会压力，我们也会坚持到底。

能够出色完成任务

如果想找人把事情做好，孤独症人士通常是最佳人选。他们会表现出非凡的专注力，极为周密地完成工作。

——网站 The Autism Site

许多公司都希望专门雇用那些处于孤独症谱系上的人，他们能够简单地查看一眼代码便快速找出错误，能够设计和搭建安全的架构。相比普通人，他们做出来的东西不太需要修改，错误也相对较少。这些特质还使得他们在感兴趣的领域中学习和进步的速度比普通人快得多。

——博客 Super Simple

注重细节——他们对细节的掌控既全面又准确。这对于需要这种特质的工作来说可能是一个真正的优势，例如产品质量控制。

——网站 Autism Awareness Centre

注重细节

孤独症人士往往十分注重细节和精确性。我们会留意并记住那些被其他人遗漏的细节，看出其他人难以发现的数据规律。这意味着我们可以专注于一项任务，高度准确地将其完成，这也是信息技术、网络安全和监控领域对孤独症员工需求极大的原因。

有毅力

孤独症人士不会轻易放弃。哪怕因为患有孤独症，我们在生活中会遇到许许多多的挑战和障碍，但我们一旦接受了挑战，就会在过程中表现出极强的坚韧和耐力。面对一个想要实现的目标，即使遇到了各种各样的困惑、挫折、来自他人的拒绝和打击，我们也会坚持不懈。

完美主义

孤独症人士追求完美和秩序感。我们不仅可以注意到那些容易被其他人错过的微小细节，还有一种规避与纠正所有错误、在自己承担的任务中尽可能表现得接近完美的强烈需求。虽然有时候，我们注意到他人的"小"错误并予以纠正，可能会让其他人觉得不开心，但我们是出色的校对员。在交付工作的时候，我们会始终努力达到最高标准，而不是满足于"差不多就行"的状态。

善于学习

许多处于孤独症谱系上的儿童和成人对自己感兴趣的领域有着极为深入的了解，他们可以长时间地专注于这些话题。孤独症群体的这个特质可以并且已经对社会产生了巨大影响。当孤独症人士对一个主题或项目产生浓厚的兴趣时，不管是简单还是复杂，他们都会进行广泛的研究，全面掌握这个领域。

——博客 Super Simple

研究表明，孤独症人士擅长听觉和视觉任务。事实上，许多孤独症人士在这些能力上的表现优于普通人，这或许就是孤独症人士在非语言智力测试中表现更好的原因。一项研究发现，孤独症人士在视觉思维和模式识别测试中的速度比非孤独症人士快 40%。

——网站 AngelSense

孤独症人士通常更注重细节。在许多情况下，他们对各种关键细节的记忆比一般同龄人要好得多。事实上，孤独症谱系群体中的许多人拥有影像记忆[1]、绝对音感和对歌曲、诗歌、故事的近乎完美的记忆力。大到无线电测向，小到撰写家族史，这项技能对各个领域来说都是一笔巨大的财富。

——网站 Verywell Health

高智商

虽然孤独症和智力障碍经常同时存在，但这并不意味着孤独症人士不聪明[2]。事实上，越来越多的证据表明，孤独症与高智商之间存在相关。一项研究发现，神童与孤独症之间存在遗传基因上的关联[3]。

擅长阅读

尽管人们对孤独症人士有一种刻板印象，认为我们不擅长语言，但许多孤独症人士具有出色的口头表达能力和丰富的词汇量。关键在于，要区分非语言交流，即不使用文字进行交流，以及非口语交流，即不使用口头语言进行交流。很多孤独症人士虽然不会说话，但其实非常聪明，并且具有很强的语言能力。还有很多孤独症人士表现出阅读早慧，在很小的时候就学会了阅读，能够比非孤独症人士更快地阅读和吸收信息。

---

[1] 影像记忆是一种瞬时记忆能力。拥有影像记忆的人可以在回忆中以高精度的图像形式重现见过的事物。——译注

[2] 智商的测量方式以及它能否准确反映孤独症人士的智力完全是另一个问题。

[3] J Ruthsatz et al., 'Molecular Genetic Evidence for Shared Etiology of Autism and Prodigy', *Human Heredity*, 79（2）, 2015, pp. 53-9.

掌握大量知识

对学习的高度关注和渴望，意味着我们倾向于深入学习自己感兴趣的主题。我们会进行大量研究，也善于记忆信息。于是，我们会对某个主题产生广泛而深入的了解。我们不太有兴趣闲聊，而是会对自己认为重要的事情更感兴趣，也乐于与他人分享我们的知识。

视觉学习能力

许多孤独症人士都是视觉学习者。我们会寻找并发现信息中的规律。这不仅意味着我们可以在玩《沃利在哪里？》（*Where's Wally?*）① 中的游戏时战胜其他孩子，还意味着我们可以吸收视觉化呈现的信息，识别出对其他人来说并不明显的关联和差异。

数学能力

我怎么可能不提及孤独症人士在数学与科技方面的能力呢？电影《雨人》（*Rain Man*）带来了一种刻板印象：所有孤独症人士都擅长数学。但这么说并不准确。我们中有很多人并不是数学奇才，当然也有些人的确是这样，还有些人不仅擅长数学，在其他领域也同样出色。但总的来说，我们的思维和学习方式意味着有许多孤独症人士会在这一领域

---

① 一套广受欢迎的儿童系列读物。有一个名叫沃利的角色隐藏在复杂的插图中，读者的任务是在人群中找到他。——译注

超过大多数非孤独症人士。

记忆能力

孤独症人士拥有像大象一样的绝佳记忆力！我们能够吸收大量的信息和细节，并在较长时间内保留这份记忆。我们记住的可能是与他人不直接相关的信息，如电影剧本或歌词，也可能是对他人非常有用的信息，如重要历史事件的日期或一本书的作者，又或者是对当下至关重要的信息，如哪些蜘蛛有毒或在紧急情况下该给谁打电话。研究还表明，孤独症人士比非孤独症人士更少出现记忆错误。这个特质在趣味知识竞赛中很有帮助，而在紧急医疗事件中就更重要了。

人际交往中的优势

大多数时候，如果孤独症人士告诉你我们想要什么，我们就是这个意思。无须拐弯抹角，再三猜测，我们不会在字里行间隐藏言外之意。这可能是因为许多孤独症人士并不知道其他人会在表达中隐藏真实的意图，也难以理解这种做法。

——网站 Verywell Health

孤独症群体没有偏见，不像普通人那样善变或恶毒，也不太可能成为霸凌者、骗子或社交操纵者。与大多数人不同，他们不会因为对方的社会地位或社交技巧而区别对待，能很好地接受他人的怪癖和特质。他们不对他人的名誉进行诋毁，不因种族、性别、年龄或任何其他的表面原因而歧视任何人，也不会强迫他人满足苛刻的社会期望。他们没有隐藏的意图，不钩心斗角，不会利用他人的弱点。

——网站 Aspergers Victoria

孤独症群体无法自然而然地进行社交，他们需要花费精力，努力学习社交技能。在面对拒绝、困惑或挫折时，他们坚持不懈，相信每个人最好的一面，甚至有时会过于天真。孤独症群体会接受他人的古怪或不完美，并成为忠实的朋友。

——网站 Asperger/Autism Network

接纳

孤独症人士倾向于接受他人本来的样子。也许是因为自己就有些与众不同，或者是因为亲身体验过被严厉评判的感觉，我们懂得接受并重视他人的古怪或不完美之处。孤独症人士很少根据种族、性别、年龄、身体特征、社会地位、社交技能或是否遵守社会规范来评判他人：行为是我们唯一的判断标准。

中立

孤独症人士很少会玩阴险的游戏，也不会在人际交往中别有用心。我们总是直抒胸臆，并且觉得其他人也会这样做。我们不会欺负或操纵他人，不造谣不传谣，也不试图破坏或干扰他人。孤独症人士不会利用别人的弱点来实现自己的目的。

值得信赖

一旦彼此深入了解，孤独症人士就会成为很好的朋友。因为我们非常忠诚可靠，总是对他人抱有善意，相信他人的好，尽管有时这样做对我们不利。我们很少会伤害他人的感情，如果这种情况真的发生了，我们会真诚地感到抱歉并渴望做出补偿。

提供新视角

孤独症人士看待世界的方式与大多数人不同，这意味着我们可以为其他人的困扰和问题提供全新的视角。我们会评估所有的信息，衡量可能的选项，然后再提供建议。我们能找到那些被非孤独症人士忽视了的解决方案。

遵守规则与日程

在正确的教导下，孤独症人士具有非常准确地遵循指示和规则的能力。

——网站 Center for Autism

微软、沃达丰和惠普等越来越多的科技公司都在雇用患有孤独症的人，因为只有他们才能把重复性任务做到最好。"我们发现他们很擅长软件测试和质量检查，因为他们可以长时间专注于一项重复性任务，并能更好地发现错误。"思爱普（SAP）多元化与包容项目首席执行官安卡·维滕贝格（Anka Wittenberg）说。

——网站 AngelSense

遵守规则

一般来说，一旦掌握了规则是什么，孤独症人士非常善于遵守规则。我们会按照交通信号灯的指示过马路，走人行横道，遵守限速标准，并且只在购买的商品数量满足要求的情况下才使用快速结账通道。

遵守日程

一旦孤独症人士建立了某种日程常规，就会一致而恒稳地遵循它们。当然，我们中的许多人非常擅长也非常喜欢重复性的任务——长时间保持专注的能力意味着我们可以高度准确地完成这些任务。

守时

一般来说，孤独症人士非常守时。我们总是准时上班、上学。在需要见医生的时候，我们总是按照要求准时到达。如果你邀请我们参加活动，我们会在指定时间到达；如果你还指定了结束时间，我们也会分秒不差地离开。

强大的思维能力

在蒙特利尔大学和哈佛大学的一项联合研究中，研究人员发现，患有孤独症的人解决问题的速度比大脑发育正常的人平均快 40%。科学家发现，孤独症人士之所以能够做到这一点，是因为他们拥有更先进的感知和加工能力。

——网站 Stages Learning

想到孤独症时，创造性思维可能不会是首先浮现在你脑海中的特质。但是研究表明，孤独症人士可能极富创造力。在一项研究中，参与者被要求尽可能想出积木和回形针的用途。有趣的是，虽然患有孤独症的参与者想出的答案不如其他参与者多，但这些答案都非常有创意。同样值得注意的是，孤独症人士会直接想到创新的答案，而其他参与者则会从积木和回形针最明显的日常用途开始。

——网站 AngelSense

分析性思维

许多孤独症人士擅长分析性思维，因为我们不仅对任务有着自己的方法论，还拥有识别出规律的能力。所以，我们特别擅长需要对信息进行组织和分类的任务。

专注力

孤独症人士有能力长时间专注于一项活动或一个想法。在专注于完成一项任务或解决一个问题时，我们不会分心，尤其是在我们特别感兴趣的领域。

逻辑思维

因为在收集和评估信息时富有逻辑，我们很善于决策。我们可以权衡不同选择的利弊，以确定最实用和公平的解决方案。

创造性思维

孤独症人士可以成为非常有创造力的思考者，这一点让许多人很惊讶。我们有能力从不同角度看待问题，提出新颖的解决方案。许多伟大的发明和解决复杂问题的方法都要归功于孤独症人士的创造性思维。

笔记

　　误解、刻板印象和污名化使得孤独症人士在生活中举步维艰。很多人误认为孤独症是一种可以被"治愈"的疾病；还有一些人认为，年幼的孤独症患者在长大之后就会自愈。这些错误的观念大大阻碍了成年孤独症人士获得必要的支持。还有，社会对孤独症的污名化让众人觉得这是一种会让其他人感到不舒服的疾病，更加使得孤独症群体不惜一切代价将真实的自己隐藏起来。

　　孤独症人士常常会将来自外界的误解和侮辱内化。于是，在我们的成长过程中，许多人都相信自己是有问题、有缺陷或天性不良的。我们渐渐学会了为自己的想法、感受、行为和表达自己的方式感到尴尬。在生活中，我们为自己的身份感到愧疚，因为我们不能变得像其他人一样，便觉得自己有缺陷。而且，我们还生活在一种普遍的恐惧之下，日日夜夜担心着人们会在发现我们的异常之后对我们拒之千里。

慢慢地，我尝试将自己视为一个有能力的孤独症人士，而不是一个不健全的正常人。就这样，躯壳之下的自我变得更加自在了。随着我对自己的真实身份和需求有了更好的了解，我也得以更加自信地为自己辩护。然而，所有这一切改变之所以能够发生，只是因为我周围的人理解并接受了我对世界的体验与他们不同。

在我的生命中也曾有过一段黑暗时期，那时我觉得，我永远无法在世界上找到自己的位置，对自己或其他任何人来说都没有任何价值。在那个时候，我绝对不可能写出这本书。但我想，如果当时的我能读到这样一本书，或许就会相信自己也可以拥有一个快乐的未来。所以，我真的希望这本书能成为其他人的指路明灯。

我所经历的过程，可以用"走进孤独症的世界"来描述。首先，我只是觉得自己有孤独症；后来，我成了一名正式确诊的孤独症人士；最后，我成了关爱孤独症群体的倡导者。这本书描述的是我的个人体验，但每个孤独症人士都是不同的，每个人都有自己的优势和劣势。我自身的经历并不能代表所有的孤独症人士，而且我要承认，在很多方面我都很幸运。如果我出生在另一个时间、另一个地方，如果我获得资源的机会较少，又或者，如果有其他阴差阳错，那么我的诊断和自我接纳之旅一定会变得更加艰难。

像许多很晚才被诊断为孤独症的成年人一样，回顾自己的人生时，我希望能更早知道自己患有孤独症。我想，如果我知道自己永远不会、也不需要成为一个典型的普通人，而是将会成为一个快乐而成功的孤独症人士，那么我的人生会大不相同。

所以，说到现在，我对这本书的读者有什么期望呢？

如果你是一位孤独症读者，我希望本书能帮助你了解作为孤独症人士的独特优势和需求——没有两个孤独症人士是完全相同的，因此本书的某些部分可能会引起你的共鸣，而某些部分则不会。此外，我还希望本书能帮助你向周围的人表达自己的需要，并帮助你在生活中争取想要的东西。

如果你是一位非孤独症读者，我希望本书能让你对孤独症人士的感受有所了解。希望本书能让你认识到神经多样性的价值，并鼓励你和生活中遇到的孤独症人士多多接触，了解他们需要得到什么样的支持，帮助他们创造一个更具包容性的世界。

最重要的是，我希望这本书能在某种程度上打破"孤独症儿童可以自愈"的迷信。我希望人们能够掌握正确的知识。我也希望人们明白，在合适的帮助下，孤独症儿童可以走进孤独症的世界，并在这个世界中大放异彩。我希望大家不要再用偏见来看待孤独症人士，也不再执着于把我们"修复"。我们在人类历史中做出了许多有意义的贡献，并且还会继续发光发热。我希望这个世界能够看到我们的优势，欣赏我们的价值。

致谢

感谢我的父母。无论任何事情，只要我下定了决心，他们便对我没有任何怀疑。我尤其要感谢妈妈，感谢她为了我的教育与学校所做的所有斗争。感谢其他特别的人，早在我意识到自己的孤独症之前，他们就在花时间帮助我融入这个对我来说甚是陌生的世界，而且在我尚未接纳自己的时候便接纳了我。尤其是我的英语老师哈德威克（Hardwick）夫人、我已故的朋友和导师唐·艾弗森（Don Iverson），还有我的姐姐杰奎（Jacqui）。

感谢那些帮助我理解自己为什么与众不同，以及与众不同并不等于有缺陷的人：理查德·艾森马耶（Richard Eisenmajer）医生，是他对我下了诊断，也是他第一个建议我应该写一本书；还有出色的心理治疗师劳拉·阿达伯（Laura Addabbo），她陪我一起思考并度过了生活中的种种困难。感谢美好的孤独症社群，尤其是那些我亲自接触或在社交媒体上联系过的人，他们让我不再觉得自己是个格格不入的异类。

感谢我的啦啦队——尤其是婆婆玛格丽特和好朋友卡蒂娜，从我在第一页写下"前言"两个字的那天起，她们就坚信我会写出一本畅销书。感谢内森·霍利尔（Nathan Hollier）和邓肯·法顿（Duncan Fardon）在我的第一本书的出版过程中的大力支持与鼓励。

最后，致我的丈夫杰夫，还有儿子奥斯汀和林肯：感谢你们无条件的爱和支持，感谢你们创造了一个让我可以做自己的世界。

孤独症是一种神经类型，
而非一种侮辱

《悉尼先驱晨报》
桑德拉·琼斯
2019 年 7 月 9 日中午 12 点 10 分

  10 年前，我在澳大利亚的一所大学参加研讨会，其中一位学者对一个关于孤独症的报告发表了如下评论："所有学者都有点孤独症。"

  最近，我和一位同事谈起另一所大学里一个她觉得很难相处的人。在讲述了她与此人之间的种种麻烦之后，她说："他那个样子你也知道……有点处于孤独症谱系上。"

所以，在他们眼中，哪怕不是所有的学者都"有点孤独症"，那些难相处的人也一定是"有点处于孤独症谱系上"吗？

　　可悲的是，那两次谈话并不是特例。我曾经数十次听到人们使用"孤独症"这个词来进行严重的以偏概全，或者把它作为一种侮辱。上述这两段谈话分别是最早和最近的一次。

　　现在，作为一名事业有成的中年女性，我终于可以放心地说出"我是孤独症"了。刚刚开始职业生涯时，这是一件我永远都不敢承认的事情。

　　孤独症并没有影响我的工作能力，它甚至会在很多方面让我更擅长自己所做的事情。但是，正是那些诸如"处于孤独症谱系上"的轻率评论，让我们害怕透露自己的孤独症诊断结果。

　　作为两个孤独症儿子的母亲，以及孤独症学生的支持者，我深知使用"孤独症"这个词作为一种批评方式会造成多大的伤害。因为这样的说法局限了孤独症的概念，也低估了孤独症人士可以取得的成就，从而轻视了孤独症群体遇到的困难，并忽略了我们的优势。

　　这样的行为向孤独症儿童及成人传达的信息是：从根本上来说，孤独症是不好的。

　　那么，什么是孤独症呢？DSM-5 中对孤独症的完整定义过于冗长，我无法在此复述，但它包括"社交互动方面的缺陷"和"受限的、重复的行为模式"。

然而，孤独症是一个谱系，而不是一道分界线。孤独症人士可能在某个领域具有显著的优势，而在另一个领域却会遇到各种各样的困难，这就是孤独症社群中的许多人反对使用"高功能"和"低功能"这两个标签的原因。

不，并不是所有学者都"有点孤独症"，就像并不是所有不会跳舞的人都"有点截瘫"一样。

许多学者完全有可能患有孤独症，机械师、销售助理、作家也一样。然而，"所有学者都有点孤独症"的说法轻视了孤独症人士在更普遍的工作场所和社会中所面临的诸多困难。

作为一个普通人，你只能从外界看到孤独症的一部分。比如，你会看到异常的言语模式、社交沟通困难、眼神交流问题、强迫性兴趣等。

然而，在内心深处，孤独症远远不止表面上能看到的这些。

还有一些你看不到的，比如感觉超敏或感官活动减退，这些特质让我们难以在办公室里工作。因为对我们来说，灯光太亮了，空调太冷，人们身上的香水味道太重。

以及一些你听不到的，比如对我们来说过于嘈杂的噪声，它让我们很难专注于一项任务，或在对话中专注于对方的声音。

以及一些你感觉不到的，比如永远灼烧着我们的焦虑。因为我们不得不试图像其他人一样行动和说话，而这对我们来说就像用手走路一样困难。

当普通人用"孤独症"或"孤独症谱系"来形容一个有点不同或有些难以相处的人时，他们不仅忽视了孤独症人士面临的挑战，也同样忽视了孤独症人士的长处。

如果你真的想描述一个有点与众不同的人，可供选择的词很多：与众不同、格格不入、标新立异，你甚至可以说他是怪胎。如果你想形容一个固执或不友好的人，可以说他顽固不化、笨拙不堪、性情乖张，甚至是榆木脑袋。

总之，在你侮辱一个人时，请不要使用我们的身份。

译后记

Growing in to Autism

我刚搬到法国生活的时候，身边的一切都是那么陌生。人们说着我听不懂的语言，超市里找不到我熟悉的食材，我不知道怎么申请保险、如何处理种种琐事。在这样的状态下，我很容易焦虑、害怕、怀疑自己。本书作者对自己生活的描述让我想到了这段体验。如果要我去描述孤独症人士的感觉，可能就像是在一个喧闹的酒吧里，所有人都喝醉了，只有你还清醒着。当然，孤独症人士遇到的挑战远比这个比喻所描述的多得多。我难以想象孤独症人士与他们的亲属所要承受的压力，也希望能够为他们提供帮助。作为心理咨询师，我对孤独症并非一无所知，但也只有较为粗浅的了解。但愿这本书能够让大家了解孤独症，唤起大家对这个群体的好奇，促进社会对他们的包容与支持。

在第四部分中，作者讲述了自己作为新生儿母亲的艰辛。我想，无论是否有孤独症，每一个母亲都能理解作者当年的痛苦。在翻译这本书的时候，我的孩子刚刚降生几个月。我在缺乏睡眠的状态下，在照顾他的间隙里艰难地工作。感谢我的婆婆，感谢帮我带孩子的阿姨，让我得以在成为母亲的同时保有自我。

作者还讲述了丈夫对她的理解和支持，令我深受触动。人际关系的复杂与可能造成的失望容易让人追求绝对的独立。但是，绝对的独立是不存在的。我们每个人都不可避免地存在于关系里。只要存在于关系里，我们就必须与他人产生联结。真正的成熟是学会如何依赖、如何被依赖，而不是试图割断与他人的关系。

最后，一些人对孤独症群体的歧视也引发了我的思考。我想，在我们对某些事物极为反感，想要发起攻击的时候，往往是因为我们在那些事物深处看到了自己的影子，正是由于对自己的某些特质恨之入骨，我们才会对他者恶语相向。每个人身上都有"不正常"的地方，每个人在一些时刻都会成为少数群体，四肢健全的人也会在摔断腿的时候需要使用残疾人通道。所以，对他人的尊重就是对自己的尊重，对他人的接纳就是对自己的接纳。每一个人都有责任推进与建立一个更友好、更包容的社会体系。

MELBOURNE UNIVERSITY PRESS
An imprint of Melbourne University Publishing Limited

First published in 2022
Text © Sandra Thom-Jones, 2022
Design and typography © Melbourne University Publishing Limited, 2022

The simplified Chinese translation rights arranged through Rightol Media
（本书中文简体版权经由锐拓传媒取得 Email:copyright@rightol.com）

著作权合同登记号 图字：01-2023-4406 号

图书在版编目（CIP）数据

原来我是孤独症 / (澳) 桑德拉·托姆琼斯
（Sandra Thom-Jones）著；张雨珊译. -- 北京：东方
出版社，2024.1
书名原文：Growing in to Autism
ISBN 978-7-5207-3739-5

Ⅰ.①原… Ⅱ.①桑… ②张… Ⅲ.①孤独症—心理
学 Ⅳ.①B846

中国国家版本馆CIP数据核字(2023)第213226号

原来我是孤独症

〔YUANLAI WO SHI GUDUZHENG〕

作　　者：[澳] 桑德拉·托姆琼斯（Sandra Thom-Jones）

译　　者：张雨珊

插　　画：张雨珊

策　　划：王若菡

责任编辑：王若菡

装帧设计：李　一

出　　版：东方出版社

发　　行：人民东方出版传媒有限公司

地　　址：北京市东城区朝阳门内大街166号

邮　　编：100010

印　　刷：北京联兴盛业印刷股份有限公司

版　　次：2024年1月第1版

印　　次：2024年1月第1次印刷

开　　本：640毫米×950毫米　1/16

印　　张：19.5

字　　数：206千字

书　　号：ISBN 978-7-5207-3739-5

定　　价：68.00元

发行电话：（010）85924663　85924644　85924641